知って得する！
おうちの数学

数学塾
松川文弥
Fumiya Matsukawa

本書内容に関するお問い合わせについて

このたびは翔泳社の書籍をお買い上げいただき、誠にありがとうございます。弊社では、読者の皆様からのお問い合わせに適切に対応させていただくため、以下のガイドラインへのご協力をお願い致しております。下記項目をお読みいただき、手順に従ってお問い合わせください。

●ご質問される前に
弊社 Web サイトの「正誤表」をご参照ください。これまでに判明した正誤や追加情報を掲載しています。

　　　　　正誤表　https://www.shoeisha.co.jp/book/errata/

●ご質問方法
弊社 Web サイトの「刊行物 Q&A」をご利用ください。

　　　　　刊行物 Q&A　https://www.shoeisha.co.jp/book/qa/

インターネットをご利用でない場合は、FAX または郵便にて、下記 " 翔泳社 愛読者サービスセンター "までお問い合わせください。
電話でのご質問は、お受けしておりません。

●回答について
回答は、ご質問いただいた手段によってご返事申し上げます。ご質問の内容によっては、回答に数日ないしはそれ以上の期間を要する場合があります。

●ご質問に際してのご注意
本書の対象を越えるもの、記述個所を特定されないもの、また読者固有の環境に起因するご質問等にはお答えできませんので、予めご了承ください。

●郵便物送付先および FAX 番号
　　送付先住所　〒 160-0006 東京都新宿区舟町 5
　　FAX 番号　　03-5362-3818
　　宛先 (株)　翔泳社 愛読者サービスセンター

※本書に記載された URL 等は予告なく変更される場合があります。
※本書の出版にあたっては正確な記述につとめましたが、著者や出版社などのいずれも、本書の内容に対してなんらかの保証をするものではなく、内容やサンプルに基づくいかなる運用結果に関してもいっさいの責任を負いません。
※本書に掲載されているサンプルプログラムやスクリプト、および実行結果を記した画面イメージなどは、特定の設定に基づいた環境にて再現される一例です。

※本書に記載されている会社名、製品名はそれぞれ各社の商標および登録商標です。

はじめに

　学生時代、**算数や数学の知識**ってなんの役に立つの？ と思ったこと、ありませんか？

　この本を手に取って開いていただき、誠にありがとうございます。
　本書は、**半径3メートル以内**にある身近な事柄を算数と数学の知識を使って紹介し、知っていると得するかも？ ということを集めた、日常生活に役立つ本です。
　算数や数学に苦手意識のある方や、小学校までは計算が嫌いではなかったのに中学校でなぜか数学が嫌いになってしまったといった方に向け、普段の生活の中で使える算数・数学を知ることで、そうしたマイナスの意識を少しでもプラスに変えていただきたい！ という思いで執筆しました。

　より身近に感じていただくために、内容を「おうち編」「お出かけ編」「お買い物編」の3つに大きく分け、それぞれの場面で日常的によく目にすることや体験することを題材にして、読者の皆さんと一緒に考えながら問題を解いていくようになっています。
　問題は、主に小学生の高学年レベルから高校生レベルのものを扱い、全部で40テーマほどに絞りました。手持ちの服で可能な着回しのパターン数や内閣支持率の意味、忘れ物をしたときの効率的な見つけ方、よりお得なポイントの貯め方や買い物の仕方など、そこに隠れている数学を題材に問題にしています。

「こういうの、学校の授業で習った！」といった明らかに数学を使うものから、「こんなことも数学で考えることができるんだ。知らなかった……」といった気づきのあるものまで、本書で扱っているテーマは多岐にわたります。

　それらの多くは、著者が普段生活する中で、「こうやって計算すればどっちがお得なのか、すぐにわかるのになあ」とか、「これって○○の定理で説明できそうだなあ」、「こう考えれば、すぐに答えは出るのになあ」と思ったものです。特別な場面を想定したものではありません。

　日常には、著者が気づいていない身近な算数・数学がまだまだ溢れていると思います。ご家族や友人の皆さんで、ぜひ探してみてください。

　本書の執筆にあたっては、函館ラ・サール学園数学科教諭の渡邊崇教先生に数式や問題の確認などで多大な協力をいただき、大変お世話になりました。この場を借りて御礼申し上げます。

　本書を読み終えた後、皆さんが少しでも数学を身近に感じていただけるようになっていたら幸いです。

数学塾 塾長 松川文弥

はじめに 3

本書をお読みになる前に 10

第1章 おうち編 11

❶-01 目覚まし時計が同時に鳴るのは何分後? 12
スヌーズ機能を使って起きよう

❶-02 3種類のお菓子を公平に分けるには? 14
ちょうどに分けよう

❶-03 暗号文を解読せよ! 16
数字とアルファベットでつくる暗号文

❶-04 Lサイズ2枚とMサイズ3枚、大きいのはどっち? 20
丸いピザの大きさを比べよう

❶-05 BMIで理想の体重を計算してみよう 24
同じ数の掛け算をやってみよう

❶-06 親子で一緒に花火ができそうなのはいつ? 28
ふたりの希望を同時にかなえよう!

❶-07 野菜の大きさをそろえて切りたい 30
同じ体積に分けよう

❶-08　**家の高さを測ろう**　34
30cm定規だけで測れる不思議

❶-09　**上体そらしでより高くまで上がるのは？**　36
長いほうが高い、柔らかいほうが高い

❶-10　**おしゃれさんの着回し術**　40
10 000通りってどれくらい？

❶-11　**手作りの髪留めをつくろう**　42
ビーズの並べ方を考えてみよう

❶-12　**気温とジュースの消費量の関係を調べよう**　46
関係があるとしたら、関係は強い？ 弱い？

❶-13　**内閣支持率の見方、考え方を学ぼう**　48
有効回答数にも注目すべし

❶-14　**お小遣い、毎週倍々計画！**　56
最初は1円。でも、1年後は？

第2章　お出かけ編　61

❷-01　**安いガソリンスタンドまで移動するのは本当にお得？**　62
燃費について考えよう

❷-02　**混雑率100％は満員電車？**　64
電車の混み具合について考えよう

❷-03　**ホノルルは今何時？**　68
海外旅行中の人に電話をしよう

❷-04　**移動は最短距離で！**　72
一番近い道筋を考えよう

❷-05　揺れた！ 震央はどこ？　　　　　　　　　74
　　　　3 地点から震央を探そう

❷-06　次の信号を通過できるのはどっち？　　　76
　　　　急加速にそんなに意味があるのか

❷-07　時間に正確なバス会社はどっち？　　　　80
　　　　より正確なほうを選びたい

❷-08　電車の乗り換えは歩く？ 走る？　　　　　84
　　　　駆け込み乗車は危険です！

❷-09　忘れ物はどこにある？　　　　　　　　　88
　　　　見当をつけて探し出そう

❷-10　点字で書かれた数字を読み解こう　　　　92
　　　　凸と凹で示される記号

❷-11　道路の勾配を角度にすると？　　　　　　96
　　　　傾きの表し方を考えてみよう

❷-12　カーブの曲がり具合を調べよう　　　　　100
　　　　数字が小さいとカーブはきつい？ゆるい？

❷-13　乗っている電車の速さを計算してみよう　102
　　　　ホームを出るとき、時速何 km？

❷-14　渋滞発生の原因を探れ！　　　　　　　　106
　　　　車間距離を十分に取ろう

❷-15　青森 IC まで、実際は何時間かかりそう？　110
　　　　経験から未知のものを推測しよう

第3章 お買いもの編 115

❸-01 どっちのポイントをためよう？ 116
行きつけのショッピングセンター選び

❸-02 よりお得なお肉のパックを買いたい！ 118
基準を決めて比べよう

❸-03 2回割引されたらどうなるの？ 122
割引からの割引を考えよう

❸-04 土地の面積を測ろう 126
特殊な四角形の面積の求め方

❸-05 1000円のお小遣いを上手にやりくりしよう 128
はかり売りの飴を買おう

❸-06 四角くて丸い加湿器が欲しい！ 130
条件に合うのはどんな形？

❸-07 オンスって何グラム？ 134
身近な単位に換算しよう

❸-08 福袋争奪戦！ 136
当たりやすいほうを選びたい！

❸-09 バーゲンセール品を賢く買いたい！ 142
予算内で最大限に満足するには

❸-10 安全なクレジットカード生活を送りたい 150
破られにくいパスワードの作り方

❸-11 当せん確率の数字の根拠は？ 154
数字の選び方は何通り？

❸-12	誰か教えて！ロト6の数字の選び方 宝くじを買ってみよう		158
❸-13	お楽しみ現金抽選会に参加する？しない？ 参加費を払って現金を当てよう		162
❸-14	待ち時間はどれくらい？ レジに並ぶ人、レジで処理する人		164
❸-15	○●クイズに正解しよう！ 法則を探せ！		168

付録　計算の基礎のきそ　171

01	四則演算，（　）のある計算	172
02	小数の計算、割合	174
03	分数の足し算、引き算	177
04	分数の掛け算、割り算	179
05	文字式、指数	181
06	平方根	183
07	方程式	185
08	合同、相似、相似比	189
09	場合の数、順列、組合せ	192
10	確率	195
11	平面図形の面積	197
12	円	199

索引　201

本書をお読みになる前に

本書は算数や数学をより身近に感じていただけるよう、「テーマの提示」➡「問題」➡「解説」➡「問題の解答」という順番で、専門用語をできるだけ使わずに、日常使っている言葉で理解できるよう心がけて執筆しました。計算式が出てきますが、計算がとても苦手だという方は、電卓を使って計算してもかまいません。

なお、よりわかりやすくするために、話をできるだけ単純にしています。消費税の計算は行っておらず、計算式の中で単位の表示を省略している場合があります。あらかじめご了承ください。

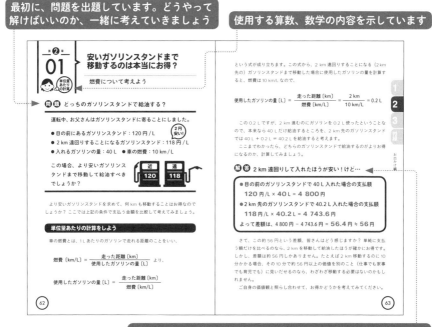

第1章

おうち編

目覚まし時計が同時に鳴るのは何分後?

スヌーズ機能を使って起きよう

問題 目覚まし時計が次に同時に鳴るのは?

息子くんと娘ちゃんは、朝、起きるのが苦手なので、アナログとデジタルの2つの目覚まし時計を使っています。二度寝防止のために、どちらもスヌーズ機能を使っています。

7時にアラームをセットして、アナログの目覚まし時計は3分ごと、デジタルの目覚まし時計は5分ごとにスヌーズをセットした場合、2つの目覚まし時計が7時の次に同時に鳴るのは何時何分でしょう?

目覚まし時計には、アラームを切ったあとでも一定時間が経つと再び鳴り出す、スヌーズ機能を備えているものが多くあります。起きるのが苦手でも、目指し時計2つとスヌーズ機能を使えば、二度寝して寝坊した……なんてことは起こらないでしょう。

この問題は、最小公倍数を使うとすぐに解くことができます。

倍数、公倍数、最小公倍数のおさらい

倍数(ばいすう)とは、ある数を1倍、2倍、3倍、……、としていった数のことです。たとえば、2と3の倍数は次のようになります。

- 2の倍数：2、4、6、8、10、12、14、16、18、……
- 3の倍数：3、6、9、12、15、18、21、……

　公倍数（こうばいすう）とは、2つ以上の整数に共通する倍数のことをいいます。たとえば、

- 2と3の公倍数：6、12、18、24、……

です。さらに、公倍数の中で最小の数のことを**最小公倍数**（さいしょうこうばいすう）といいます。2と3の最小公倍数は「6」です。
　では、この問題の内容を整理してみましょう。

- 目覚まし時計：どちらも7時にアラームをセット
- アナログの目覚まし時計：3分ごとにスヌーズをセット
- デジタルの目覚まし時計：5分ごとにスヌーズをセット

　7時の次に同時に鳴るのは、3の倍数と5の倍数が初めて同じになる時間です。よって、3と5の最小公倍数を求めると、すぐにわかります。

解答 アラームは7時15分に同時に鳴る！

- 3の倍数：3、6、9、12、⑮、18、21、…
- 5の倍数：5、10、⑮、20、25、30、35、40、…
  - → 3と5の最小公倍数：15
  - → 7時の15分後 ＝ **7時15分**

（次に同時に鳴るのは15分後）

第1章 02 最大公約数

3種類のお菓子を公平に分けるには？

ちょうどに分けよう

問題 お菓子セットは最大何人分にできる？

この地域には、七夕になると子供たちが歌を歌いながら家を1軒ずつ回り、お菓子をもらうという風習があります。我が家でも、七夕用のお菓子セットをつくることにしました。

キャンディが120個、個包装のクッキーが48個、1粒チョコレートが96個あります。これらのお菓子が種類ごとに同じ数ずつ入っているお菓子セットをつくると、最大何人分できますか？

こうした何かを等しく分ける問題は、最大公約数を使うと解くことができます。お菓子を配れる最大の人数を考え、そこから3種類のお菓子を何個ずつ詰められるかも求めましょう。

約数、公約数、最大公約数のおさらい

約数（やくすう）とは、その数を割り切れる数のことをいいます。12と18の約数を書き出してみましょう。

- 12の約数：1、2、3、4、6、12
- 18の約数：1、2、3、6、9、18

公約数（こうやくすう）とは、2つ以上の整数に共通する約数のことで、12と18の公約数は「1、2、3、6」です。**最大公約数**（さいだいこうやくすう）は公約数の中で最大の数のことをいい、12と18の最大公約数は「6」です。

　今回の問題は、お菓子を種類ごとに均等に分けたとき、お菓子セットは最大何人分できるか？ というものです。たとえばお菓子セットにそれぞれ2個ずつ入れるとすると、キャンディは120個÷2個＝60人分、クッキーは48個÷2個＝24人分、チョコレートは96÷2＝48人分できますが、お菓子セットには3種類すべてを入れるので、この詰め方だとキャンディがかなり余ることになります。

　そこで、120、48、96の最大公約数を求めれば、それが配れる最大の人数となります。

解答　お菓子セットは最大24人分できる！

- 120の約数：[1]、[2]、[3]、[4]、5、[6]、[8]、10、[12]、15、20、[24]、30、40、60、120
- 48の約数：[1]、[2]、[3]、[4]、[6]、[8]、[12]、16、[24]、48
- 96の約数：[1]、[2]、[3]、[4]、[6]、[8]、[12]、16、[24]、32、48、96

120、48、96の公約数：
1、2、3、4、6、8、12、24

最大公約数：24
↓
24人に配れる！

何個ずつ詰められるかは、お菓子の数を最大公約数で割って計算！

- キャンディの数：　120個÷24個＝5個
- クッキーの数：　　48個÷24個＝2個
- チョコレートの数：96個÷24個＝4個

暗号文を解読せよ！

数字とアルファベットでつくる暗号文

 何て書いてあるのかな？

子供たちの間で暗号文づくりが流行っています。今日、お父さんとお母さんはこんな手紙をもらいました。

> 2A 5B 7A, 19C 2C 2D 31A 7B 11B 2B 3E 2C !

手紙を読み終えたお父さんが「天気もいいみたいだし、よし、行こう！」といったので、子供たちは大喜びしています。
手紙にはなんと書いてあるのでしょう？
ヒントは「素数」です。

　暗号は世界中で古くから研究され、いろいろな場面で使われてきました。暗号というと戦争を思い浮かべる方が多いかもしれませんが、面白い使い方としては、ラブレターを暗号にして送ったという話もあります。きっと、ラブレターは他人には読まれたくないものだからでしょう。
　現代においても、暗号は最先端で研究されているものの1つです。たとえばパスワードを安全に管理するためや、仮想通貨の取引で安全性を確保するために利用されています。

素数を使った暗号文

今回の暗号問題は、素数をひらがなの子音（しいん）に、アルファベットを母音（ぼいん）に対応させる手法で解くことができます。

素数（そすう）とは、1とその数でしか割り切れない数のことをいいます。もう少し数学の要素を取り入れて説明すると、約数、つまりその数を割り切れる数が2つしかない、正の整数のことを指します。1から順番に、素数を調べてみましょう。

- 1は、約数が1だけなので、素数ではありません。
- 2は、約数が1、2の2つあるので、素数です。
- 3は、約数が1、3の2つあるので、素数です。
- 4は、約数が1、2、4と3つあるので、素数ではありません。
- 5は、約数が1、5と2つあるので、素数です。

……

素数：2　3　5　7　11　13　17　19　23　29　31……

素数については、現在、次のことがわかっています。

❶ 素数は無限に存在すること
❷ 素数の現れ方には、規則性がないこと

この性質を利用して、素数はRSA信号という暗号化技術で使われています。RSA信号でつくられた暗号は、スーパーコンピューターを使っても解読に数万年かかるものもあります。

解読するのにどうしてそんなに時間がかかるのでしょうか？　ごく簡単に説明すると、素数×素数どうしの掛け算の答えはすぐにわかりますが、その逆はわかりにくいからです。たとえば、13 × 17 = 221 ですが、では「221は何

×何？」と聞かれたらどうでしょう？ 計算が得意な方でも、なかなか答えられないのではないでしょうか。

　これがもっと大きな数になればなるほど、2つの素数を掛けた数字からもとの2つの素数を探すには時間がかかるようになります。本書執筆時点では、約2300万桁の素数も発見されています。想像することも難しい大きな数ですね。素数は、今後もどんどん増え続けていくことでしょう。

解答　対応表を使って暗号文を解いてみよう

暗号文をつくるのに、子供たちは次の対応表を使いました。■の子音（横軸）が素数、□の母音（縦軸）がアルファベットになっています。たとえば、「31A」に対応するのは「ん」です。

31	29	23	19	17	13	11	7	5	3	2	
	W	R	Y	M	H	N	T	S	K		
ん	わ	ら	や	ま	は	な	た	さ	か	あ	A
		り		み	ひ	に	ち	し	き	い	B
		る	ゆ	む	ふ	ぬ	つ	す	く	う	C
		れ		め	へ	ね	て	せ	け	え	D
	を	ろ	よ	も	ほ	の	と	そ	こ	お	E

対応表より、2A 5B 7A、19C 2C 2D 31A 7B 11B 2B 3E 2C！を順番に並べると、

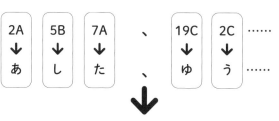

暗号と復号の別の例

　暗号にすることを**暗号化**（あんごうか）、暗号化されていない普通の文章を**平文**（ひらぶん）、暗号を元に戻すことを**復号**（ふくごう）といいます。暗号化と復号を使えば、当事者だけで秘密のメッセージをやり取りすることができます。このとき、暗号化のルールを復号する側も知っておくことがポイントです。ルールを共通に知っておけば、いろいろな暗号文をつくることができます。たとえば、「アルファベットを3文字、右方向横にずらす」というルールで暗号化してみましょう。

もとのアルファベット	A	B	C	D	E	F	G	H	I	J	K
暗号化したアルファベット	X	Y	Z	A	B	C	D	E	F	G	H
L	M	N	O	P	Q	R	S	T	U	V	W	X	Y	Z
I	J	K	L	M	N	O	P	Q	R	S	T	U	V	W

　この暗号化ルールを使うと、

I LOVE YOU. → F ILSB VLR.

となります。これだと、誰かに見られても恥ずかしくないですね。

Lサイズ2枚とMサイズ3枚、大きいのはどっち？

丸いピザの大きさを比べよう

問題 丸いピザ、より多く食べられるのはどっちのプラン？

放課後、息子くんの友達が大勢家に遊びにきました。おやつに宅配ピザを注文しようとしたところ、メニューにある「パーティープラン」が目にとまりました。
サイズ違い、枚数違いのプランが2つあり、対象商品のトッピングの中から選ぶと、値段は同じです。

Mサイズプラン	Lサイズプラン
直径 **25** cm × **3** 枚 （25 cm × 3 ＝ 75 cm）	直径 **36** cm × **2** 枚 （36 cm × 2 ＝ 72 cm）

すると、お母さんがいいました。「あら、Lサイズプランのほうが、たくさん食べられるわ」。本当でしょうか？

今回のように値段が同じ場合、より多くの味を楽しみたいのであれば、3枚セットになっているMサイズプランを選ぶことでしょう。ここでは「より多く食べられるプランはどちらか」、言い換えると、「ピザがより大きいプランはどちらか」を考えることにします。

丸い形をしたピザの場合、直径や枚数が違うと見た目だけで大きさを比べるのは難しそうです。試しに、ピザの直径を合計して比べてみると、Mサイズプランのほうが長いことがわかります。

● Mサイズプランのピザの直径の合計：直径 25 cm × 3 枚
　25 cm × 3 = **75** cm ◀┄┄┄┄┄┄┄┄┄┄┄┄┄┐
● Lサイズプランのピザの直径の合計：直径 36 cm × 2 枚
　36 cm × 2 = **72** cm ◀┄┄┄┄┐　直径の合計は
　　　　　　　　　　　　　　　　Mサイズプランの
　　　　　　　　　　　　　　　　ほうが長い！

　しかし、直径という「長さ」での比較結果を、面積という「大きさ」の比較にそのまま当てはめることはできません。
　今回は丸い形をしたピザなので、ピザの大きさを円の面積の公式から求めて、2つのプランを比較してみましょう。円の面積を求めるには、直径ではなく半径を用いることがポイントです。

円の面積のおさらい

【円の面積の求め方】

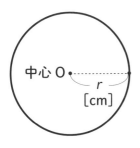

円の面積 = π × (半径)^2

π：円周率 ≒ 3.14

文字式を使うと、
半径 r cm の円の面積 S [cm^2] は、
$S = \pi r^2$ [cm^2]

　MサイズとLサイズのピザ、1枚の面積をそれぞれ求めてみます。
　Mサイズのピザは直径が 25 cm、半径はその半分の 12.5 cm になるので、

● Mサイズのピザ1枚の面積 = $π × 12.5^2 = 156.25π$ cm²

　Lサイズのピザは直径が36cm、半径はその半分の18cmになるので、

● Lサイズのピザ1枚の面積 = $π × 18^2 = 324π$ cm²

解答 Lサイズのピザ2枚のほうが本当に大きい！

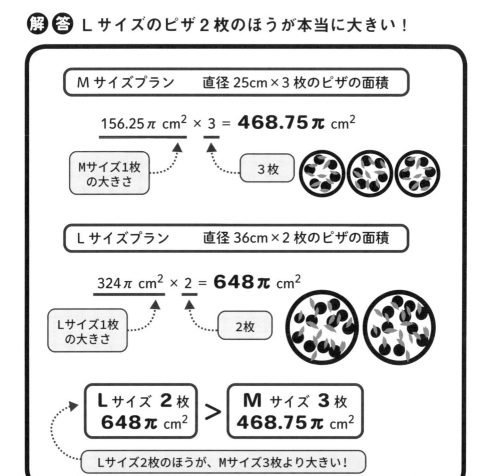

参考までに、Mサイズのピザが4枚の場合の面積を求めてみると、

- Mサイズのピザ4枚の面積 = 156.25π × 4 = 625π cm²

となり、これでようやくLサイズのピザ2枚の大きさ（648π cm²）とだいたい同じになります。つまり、Lサイズのピザ1枚で、Mサイズのピザ2枚分以上の大きさがあるのです。

- Mサイズのピザ2枚の面積 = 156.25π × 2 = 312.5π cm²
- Lサイズのピザ1枚の面積 = 324π cm²

長さと面積の関係

本問の場合、どうしてMサイズのピザ2枚とLサイズのピザ1枚の大きさがほぼ同じになるのでしょうか？

円の面積の公式「π×(半径)²」の「(半径)²」に注目し、この部分のLサイズの計算結果が、Mサイズのそれの何倍になるのかがわかると簡単です。

$$\frac{(Lサイズのピザの半径)^2}{(Mサイズのピザの半径)^2} = \frac{18^2}{12.5^2} = \mathbf{2.0736}$$

これより、本問の場合は「Lサイズのピザの面積は、Mサイズのピザの面積の約2倍である」といえることがわかりました。したがって、Mサイズのピザ2枚とLサイズのピザ1枚の大きさが、ほぼ同じなのです。

05 BMIで理想の体重を計算してみよう

2乗の計算

同じ数の掛け算をやってみよう

問題 身長 170 cm と身長 150 cm の人の標準体重は？

お父さんの身長は 170 cm、お母さんの身長は 150 cm です。BMI を使うと、お父さんとお母さんの標準体重（理想体重）はそれぞれ何 kg になるでしょう？

標準体重（理想体重）は、

標準体重 [kg] ＝ 身長 [m]^2 × 22

で求めることができます。

BMI（Body Mass Index。体格指数）とは、体重と身長からその人の肥満度を示すもので、次の式で求めることができます。

BMI ＝ 体重 [kg] / 身長 [m]^2

日本肥満学会では表のように肥満度を分類しており、BMI ＝ 22 kg/m^2 を標準体重（理想体重）としています。

表　日本肥満学会による肥満度の分類

BMI（kg/m²）	判定
< 18.5	低体重
18.5 ≦ ～ < 25	普通体重
25 ≦ ～ < 30	肥満（1度）
30 ≦ ～ < 35	肥満（2度）
35 ≦ ～ < 40	肥満（3度）
40 ≦	肥満（4度）

出典：肥満症診療ガイドライン 2016

累乗、2乗の計算のおさらい

$2^2 = 2 \times 2$、$2^3 = 2 \times 2 \times 2$、$3^2 = 3 \times 3$、$3^3 = 3 \times 3 \times 3$ のように、同じ数を繰り返し掛けることを**累乗**（るいじょう）といいます。2回掛けることを**2乗**、3回掛けることを3乗といいますが、特に1～20までの2乗の値を覚えておくと、計算問題を解く際には便利なことが多いものです。この機会に覚えてしまいましょう。

表　1～20の2乗の値

$1^2 = 1$	$11^2 = 121$
$2^2 = 4$	$12^2 = 144$
$3^2 = 9$	$13^2 = 169$
$4^2 = 16$	$14^2 = 196$
$5^2 = 25$	$15^2 = 225$
$6^2 = 36$	$16^2 = 256$
$7^2 = 49$	$17^2 = 289$
$8^2 = 64$	$18^2 = 324$
$9^2 = 81$	$19^2 = 361$
$10^2 = 100$	$20^2 = 400$

ここで、BMIを求める式を体重についての式に変形すると、

体重 [kg] = 身長 [m]^2 × BMI

となり、2乗の計算が出てきます。冒頭の問題の「標準体重（理想体重）」は BMI = 22 kg/m^2 なので、

標準体重（理想体重）= 身長 [m]^2 × 22 kg/m^2

を計算します。ここで注意しなくてはいけないのが、BMI の計算に用いられる身長の単位が cm ではなく、m だということです。100 cm = 1 m なので、cm 単位の身長を 100 で割れば、m 単位の身長が計算できます。170 cm = 1.7 m、150 cm = 1.5 m です。

解答 170 cm なら約 64 kg、150 cm なら約 50 kg

> 標準体重（理想体重）を求める式より、
>
> ● 身長 170 cm = 1.7 m の人の標準体重（理想体重）
> $1.7^2 × 22 = 2.89 × 22 =$ **63.58** kg
> ● 身長 150 cm = 1.5 m の人の標準体重（理想体重）
> $1.5^2 × 22 = 2.25 × 22 =$ **49.5** kg

ここで、先ほどの表にある $15^2 = 225$、$17^2 = 289$ を覚えておくと、$1.5^2 = 2.25$ や $1.7^2 = 2.89$ の計算が素早くできることがわかるでしょうか。

たとえば、1.7 の 2 乗は、

$$1.7^2 = (17 \times 0.1)^2 = 17^2 \times 0.1^2$$

と 17 の 2 乗と 0.1 の 2 乗の掛け算に分けることができます。

$$17^2 = 289$$
$$0.1^2 = 0.01$$

なので、

$$1.7^2 = (17 \times 0.1)^2 = 17^2 \times 0.1^2 = 289 \times 0.01 = 2.89$$

です。つまり、小数の処理には少し注意が必要ですが、このような計算式の場合には 2 乗の計算結果を覚えておくと、素早く計算できるのです。なお、

$$1.5^2 = (15 \times 0.1)^2 = 15^2 \times 0.1^2 = 225 \times 0.01 = 2.25$$

となります。
　ついでに、160 cm、180 cm の人の標準体重（理想体重）も計算してみましょう。

●**身長 160 cm = 1.6 m の人の標準体重（理想体重）**
$$1.6^2 \times 22 = 2.56 \times 22 = \mathbf{56.32} \text{ kg}$$
●**身長 180 cm = 1.8 m の人の標準体重（理想体重）**
$$1.8^2 \times 22 = 3.24 \times 22 = \mathbf{71.28} \text{ kg}$$

第1章 06 親子で一緒に花火ができそうなのはいつ？

連立方程式

ふたりの希望を同時にかなえよう！

問題 ふたりで花火ができそうなのは何曜日？

親子で花火ができそうな日はいつでしょう？

息子くん：ねぇ、来週、花火をやろうよ！

お父さん：いいぞ。週末は夜に用事があるから、平日にしようか？

息子くん：月曜日と火曜日の夜は、見たいテレビがあるからダメなんだ。

お父さん：わかった。天気予報を見て、晴れた日にしよう。

息子くん：僕も晴れている日がいいな！

●週間天気予報

月	火	水	木	金	土	日
晴れ	曇り	雨	雨	晴れ	晴れ	晴れ

　人が集まると、それぞれがいろいろなことをいうので、何をするにも全員の希望をかなえるのは大変です。そういう場合は希望する条件を出してもらい、そこから共通なものを見つけて、みんなが納得できるように調整します。

　この問題は、あえて数学的なアプローチをして解いてみます。今回の場合は、連立方程式の解き方を用いて、親子で花火を楽しめる日を探します。

　といっても、xやyの式は出てきません。連立方程式に苦手意識のある方も、気楽に読んでみてください。

連立方程式を解く際の考え方

連立方程式を解く際の原則は、複数ある未知数を「1文字消去」することです。詳しくは巻末付録の「07 方程式」をご覧いただくとして、「条件を整理する」ことが「1文字消去」に当たると考えてください。

では、この問題の条件を考えましょう。会話の内容から、息子くんもお父さんも「曜日」と「天気」について話しています。これが、連立方程式でいうところの未知数です。

解答 ふたり一緒に花火ができそうなのは金曜日！

条件①：曜日の希望
- 息子くん：水・木・金・土・日 ◀…月・火以外
- お父さん：月・火・水・木・金 ◀…平日
  → ふたり一緒に花火ができるのは、水・木・金 のどれか
  （1文字消去に当たる）

条件②：天気はふたりとも晴れを希望！

月	火	水	木	金	土	日
晴れ	曇り	雨	雨	晴れ	晴れ	晴れ

→ 水・木・金 のうち、「晴れ」の予報は **金曜日**

いろいろな条件があるときは、その条件について書き出して、順番に決定していくとよいでしょう。これは、x と y の連立方程式を解く際、x だけの式にして、y はあとで考えようというのと考え方は同じです。

07 野菜の大きさをそろえて切りたい

同じ体積に分けよう

問題 にんじんを体積が同じ3つに切るには？

夕飯のおかず用に、人参を切ろうとしています。できるだけ大きさをそろえるには、どのように切るのがいいでしょう？
ここでは、人参の形を円すいと考え、3つに分けて切ったうちの1つは必ず円すいの形にします。また、3の3乗根を1.44とします。

料理で一番重要なのは美味しいかどうかだと思いますが、見栄えや火の通りを考えると、食材の大きさをそろえて切りたいものです。野菜は種類によって形も大きさも異なり、特に人参のように先が細く円すい状になっているものは、どう切ったら大きさがそろうのか、悩むことでしょう。
ここでは数学の知識を使って、人参を体積が同じ3つ（1つは円すいの形）に分けることを考えます。

相似比と面積比、体積比

相似（そうじ）とは、形を変えずに拡大や縮小をした図形のことをいい、**相似比**（そうじひ）とは、相似な図形において対応する辺の長さの比のことをいいます。この相似比から、面積比（表面積の比）や体積比（体積の比）もわ

かります。

相似比が $m:n$ の場合、**面積比**は $m^2:n^2$、**体積比**は $m^3:n^3$ となります。

【相似比、面積比、体積比の関係】

相似比（長さの比）が $m:n$ のとき、

- 面積比（表面積の比）

    $m^2:n^2$

- 体積比（体積の比）

    $m^3:n^3$

3乗根とは

　この問題は、3乗根を使って解きます。3回掛けてその数になるものを**3乗根**（さんじょうこん）、または**立方根**（りっぽうこん）といいます。たとえば、8の3乗根は 2（2 × 2 × 2 = 8）で、$\sqrt[3]{8} = \sqrt[3]{2 \times 2 \times 2}$ と書きます。a の3乗根を、文字式を使って書くと、$\sqrt[3]{a}$ となります。

$\sqrt[3]{8} = 2$ のように都合よく3乗根の値がわかればいいのですが、実際には「関数電卓」を使って値を出したり、本問のように問題文の中に値が書いてあったりすることが多いです。

相似比との関係から、1/3の大きさになる位置を求めよう

　円すいの場合、底面に対して平行な面で切ったときの上側は、もとの円すいと相似の形になります。たとえば、もとの円すいの高さ（長さ）に対して1/3の高さ（長さ）の位置で切った場合、切り取ってできた小さい円すいと元の円すいの関係は、次の図のようになります。

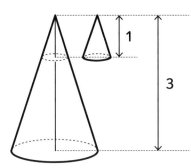

- **相似比(辺の長さの比)**
  1 : 3
- **面積比(表面積の比)**
  $1^2 : 3^2 = 1 : 9$
- **体積比(体積の比)**
  $1^3 : 3^3 = 1 : 27$

　これを踏まえて、この問題の人参の場合、まずは全体の3分の1の大きさに切ることを考えます。つまり体積比が1:3になるようにするには、どこに包丁を入れればいいのか？を考えます。

　「体積比は1:3」ということがわかっているので、ここから相似比がわかります。相似比は辺の長さの比なので、相似比がわかれば、どこに包丁を入れればいいのかもわかるのです。

- **体積比(体積の比)**　1 : 3
  ↓
- **相似比(辺の長さの比)**　$1 : \sqrt[3]{3} = 1 : 1.44$

> 問題文より、
> 3の3乗根は1.44

　ここで、計算しやすくするために、人参のもとの高さを1、切り取る上側の円すいの高さをhとして、問題を解いていきましょう。

解答 最初に人参の高さを1として、0.7の位置で切る！

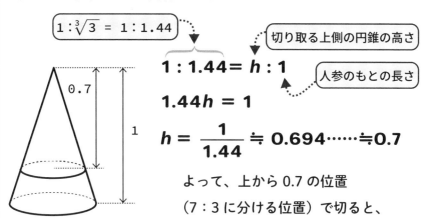

人参のもとの長さを1、切り取る上側の円すいの高さをhとすると、相似比との関係から、

$1 : \sqrt[3]{3} = 1 : 1.44$

$1 : 1.44 = h : 1$ ← 切り取る上側の円錐の高さ／人参のもとの長さ

$1.44h = 1$

$h = \dfrac{1}{1.44} ≒ 0.694\cdots ≒ 0.7$

よって、上から0.7の位置（7：3に分ける位置）で切ると、上側の円すいは全体の3分の1の大きさとなる！

まずは1/3の大きさに切ることができたので、あとは残った下側部分を半分に切ることで、全体を3等分したことになります。

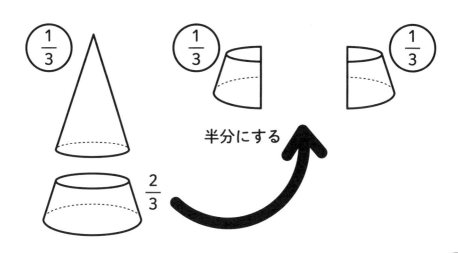

08 家の高さを測ろう

相似

30cm定規だけで測れる不思議

問題 家の高さはどれくらい？

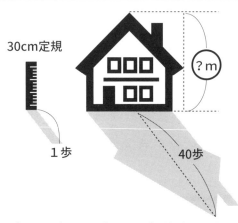

ある日の夕刻、お父さんが30cm定規を地面に垂直に立ててみると、その影の長さは息子くんの1歩分でした。お父さんが「家の影を、壁から影の先端まで歩いてごらん」というので、息子くんが歩くと、先端までちょうど40歩でした。これで、お父さんはすぐに家の高さがわかったそうです。何mでしょう？

お父さんは30cmの定規1つと、影の長さを息子くんの歩数で測るだけで、家の高さがわかるといっています。本当でしょうか？

相似な三角形から高さを割り出す方法

この問題は、相似と相似比を使うと簡単に解けます。**相似な図形**とは、形がまったく同じで、すべての辺を一定の割合で拡大、縮小すると重なる図形のことをいいます。たとえば、三角形の相似条件は次のように決まっています。

【三角形の相似条件】
- 3組の辺の「比」がすべて等しい
- 2組の辺の「比」とその間の角がそれぞれ等しい
- 2組の角がそれぞれ等しい

　問題の、影がつくっている2つの三角形の角度に注目してみます。定規は地面に対して垂直、家の壁も一般的に地面に対して垂直なので、地面に対しての角度は90°で同じです。太陽光は一定の角度で降り注ぐので、太陽光によってできる物体と影の先端部分がつくる角度θ（シータ）も同じです。よって、2つの三角形は「2組の角がそれぞれ等しい」ので、相似であるといえます。

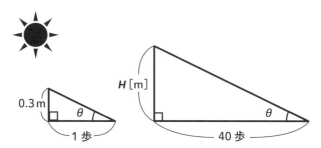

解答 家の高さは12m！

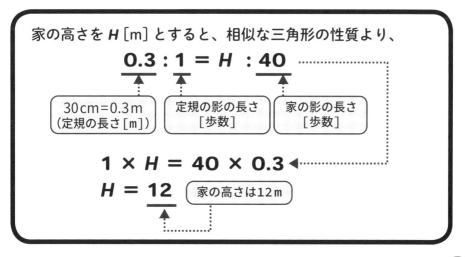

09 三角比

上体そらしでより高くまで上がるのは？

長いほうが高い、柔らかいほうが高い

問題 直角三角形の性質から高さを考えよう

お母さんと娘ちゃんが、うつぶせに寝て上体をそらす運動をしています。同じ角度（約30°）ずつ持ち上げているのに、お母さんのほうが娘ちゃんよりも頭の位置が高くなっていました。お母さんの上体部が80 cm、娘ちゃんの上体部が60 cmの場合、娘ちゃんに比べてお母さんは何 cm、頭が高く上がっているでしょう。

この問題は、特殊な直角三角形の辺の比や、三角比を使って解きます。

特殊な直角三角形の辺の比

30°、45°、60°の角をもつ直角三角形は、各辺の比が決まっています。三角定規のセットは、実はこの形をしています。

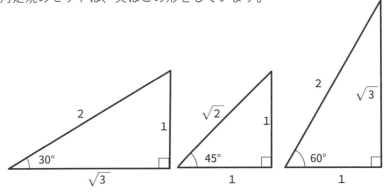

上体そらしを行っている様子を、30°の角をもつ直角三角形に当てはめて考えます。お母さんの上体部は 80 cm なので、斜辺が 80 cm の直角三角形ができます。先ほどと三角形の左右が逆になっていることに注意すると、床からの頭部までの高さは、2：1の関係より、80 cm の半分の 40 cm であることがわかります。

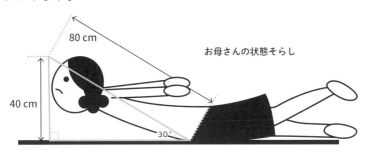

　娘ちゃんのほうはどうでしょう？　お母さんの場合と同様に、30°の角をもつ直角三角形の斜辺に、娘ちゃんの上体部の長さ 60 cm を当てはめて考えます。すると、床から頭部までの高さは、2：1の関係より、60 cm の半分の 30 cm になります。

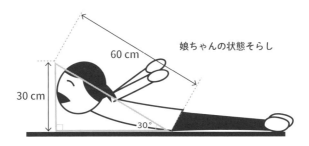

解答 お母さんのほうが 10 cm 高くまで上がる！

上体そらしで 30°の角度まで持ち上げた場合、

● お母さん：上体部の長さ 80 cm　床から頭部の距離 40 cm
● 娘ちゃん：上体部の長さ 60 cm　床から頭部の距離 30 cm

斜辺の長さ、つまり上体部の長さが違うと、同じ30°まで上体を持ち上げても、お母さんのほうが

40 cm − 30 cm = **10 cm** だけ高い！

直角三角形と三角比

では、30°、45°、60°以外の場合は、この問題はどう考えればいいのでしょう？ そこで用いるのが**三角比**（さんかくひ）です。

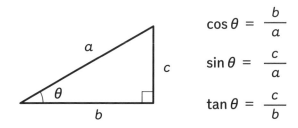

$\cos\theta$、$\sin\theta$、$\tan\theta$の各値は三角比の表より求める

θ（シータ）は、直角三角形の底辺と斜辺でつくる角です。たとえば、$\theta = 50°$で斜辺の長さが80 cmの下図のような直角三角形の場合、三角比の表からxの長さが計算できます。

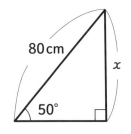

$$\sin 50° = \frac{x}{80}$$

$$\begin{aligned} x &= 80 \times \sin 50° \\ &= 80 \times 0.7660 \\ &= 61.28 \text{ cm} \end{aligned}$$

三角比の表より$\sin 50° = 0.7660$

数日後、お母さんは35°、娘ちゃんはコツをつかんで55°まで上がるようになりました。どちらの頭が高くなっているでしょうか。
　三角比の表を使って計算してみましょう。三角形が左右逆になっていることに注意してください。

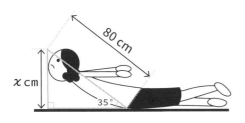

$$\sin 35° = \frac{x}{80}$$
$$x = 80 \times \sin 35°$$
$$x = 80 \times 0.5736$$
$$x = 45.888$$
$$x ≒ 46 \text{ cm}$$

$$\sin 55° = \frac{x}{60}$$
$$x = 60 \times \sin 55°$$
$$x = 60 \times 0.8192$$
$$x = 49.152$$
$$x ≒ 49 \text{ cm}$$

娘ちゃんのほうが約3cm高くなった！

表　三角比の表

θ	sin θ	cos θ	tan θ
30°	0.5000	0.8660	0.5774
35°	0.5736	0.8192	0.7002
40°	0.6428	0.7660	0.8391
45°	0.7071	0.7071	1.0000
50°	0.7660	0.6428	1.1918
55°	0.8192	0.5736	1.4281

おしゃれさんの着回し術

10 000通りってどれくらい？

問題 季節の着回し、これで何通り？

お母さんは、アパレルのショッピングサイトにあった「これで10 000通りの組合せ！」という宣伝文句が気になり、自分がもっている春〜夏服だと何通りくらいになるのか、調べてみることにしました。

クローゼットには、帽子が4個、シャツ類が10枚、アウターが5枚、パンツ類が10本ありましたが、これだと10 000通りにならないとわかり、靴5足も入れて考えました。靴を入れる前と後で、それぞれ何通りの組合せになるでしょう？

| 4個 | 10枚 | 5枚 | 10本 | 5足 |

10 000通りとは、どのくらいすごいのでしょう？ 服長者のよほどのおしゃれさんでないと、10 000通りの着回しは難しいのでしょうか？ ここでは、**積の法則**を使って考えてみます。

積の法則を使って計算しよう

【積の法則】
事柄Aの起こり方が m 通り、そのおのおのに対して事柄Bの起こり方が n 通りあるとき、AとBが共に起こるのは、$m \times n$ 通り

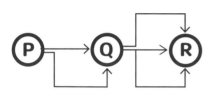

たとえば、P地点からQ地点までの行き方が2通り、Q地点からR地点まで行き方が3通りの場合、P地点を出発してQ地点を通り、R地点までの行き方は、$2 \times 3 = 6$ 通りあります。

では、最初に帽子4個、シャツ類10枚で何通りの組合せがあるのかを考えます。帽子1個に合わせるシャツ類は10枚あるので、帽子4個だと $4 \times 10 = 40$ 通りあります。これにアウター5枚を入れると、1組の帽子とシャツ類の組合せに対してそれぞれ5通りずつ増えるので、$40 \times 5 = 200$ 通りになることがわかります。

解答 靴を入れないと2 000通り、靴を入れると10 000通り！

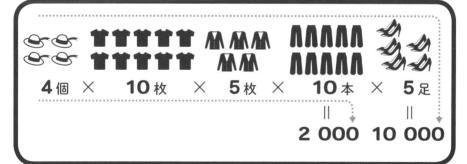

こうしてみると、10 000通りの着回しを実現するのは、そう難しくなさそうです。

第1章 11 円順列

手づくりの髪留めをつくろう

ビーズの並べ方を考えてみよう

問題 6個のビーズでつくれるのは何通り？

娘ちゃんが形違い・色違いの6個のビーズを使って、髪留めをつくろうとしています。ビーズの並べ方は何通りあるでしょう？
ただし、ひっくり返しても回転させても、同じにならない並べ方を考えてみてください。

この問題は、円順列とじゅず順列で解くことができます。

円順列とは

いくつかのものを円状に並べたものを**円順列**（えんじゅんれつ）と呼びます。ここでは、A、B、C、Dの4つのビーズを円状に並べて説明します。

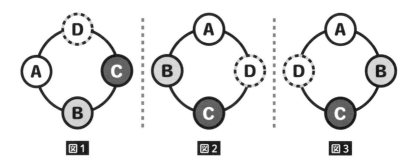

図1　　　　図2　　　　図3

図2を基準に見ていきましょう。図2を反時計回りに回転させると図1になるので、この2つは「同じ」並びです。

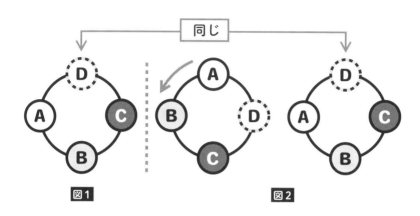

　次に、図2と図3を比べてみます。Aから見ると、Bの位置が図2では右側に、図3では左側になっているので、この2つは「違う」並びになります。

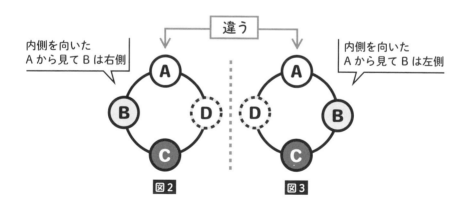

　このように、円順列で並び方の数を数えるときは、「1つを固定」して考えます。この例では、たとえばAのビーズの位置を固定して考えると、B、C、Dの3個のビーズは自由に並べ替えができるので、

$$3! = 3 \times 2 \times 1 = 6$$

より、全部で6通りの並べ方があることがわかります。「!」は階乗を表す記号です。詳しくは、巻末付録の「09 場合の数、順列、組合せ」を参照してください。

じゅず順列とは

じゅずやブレスレットなどは、ひっくり返すと並びが同じになるものがあります。これを**じゅず順列**といいます。

円順列で用いたのと同じ図を使って考えます。円順列では、図2と図3は「違う」並びでした。ここで、図3をひっくり返してみましょう。

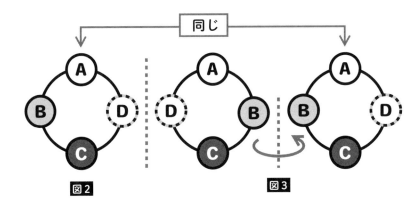

すると、図2と同じ並びになることがわかります。

つまり、じゅず順列の場合は表裏の2通りで1通りと数えるので、並べ方は円順列の数を2で割ったものになります。円順列での並べ方が6通りであれば、じゅず順列では3通りになります。

【円順列、じゅず順列】
- 異なる n 個の円順列の総数
  $(n-1)!$ 通り
- じゅず順列の総数
  $\dfrac{(n-1)!}{2}$ 通り

解答 ビーズの並べ方は60通り！

髪留めは、回転させたりひっくり返したりすると同じ並びになることがあるので、じゅず順列

すべて同じ並び

6個の異なるビーズを並べ替えるので、求める並べ方は、

$$\dfrac{(n-1)!}{2} = \dfrac{(6-1)!}{2} = \dfrac{5!}{2} = \dfrac{5 \times 4 \times 3 \times 2 \times 1}{2} = 60$$

60通り

違う並び

色や形の異なるビーズが6個もあれば、60通りの組合せを考えて楽しみながら、髪留めをつくれることがわかりました。

第1章 12 気温とジュースの消費量の関係性を調べよう

相関係数

関係があるとしたら、関係は強い？弱い？

問題 平均気温と我が家のジュースの消費量との関係は？

お父さんとお母さんは、雑誌に載っていた「相関係数」に興味を持ちました。我が家で相関がありそうなものを探すと、気温とジュースの消費量に関係がありそうなことに気づき、表にしてみました。
この表から、平均気温とジュースの消費量についての相関係数を求めてみましょう。

	平均気温（℃）	ジュースの消費量（本）
1月	−1	14
2月	0	8
3月	4	15
4月	10	18
5月	17	30
6月	23	26
7月	28	32
8月	29	45
9月	23	41
10月	16	18
11月	10	21
12月	5	20

相関係数とは

相関（そうかん）とは、2つの事柄の関係性のことをいい、その関係の度合いを数値化した**相関係数**（そうかんけいすう）を使うと、両者に相関があるかどうかがわかります。相関係数は、−1 〜 +1 の数字で示され、+1 であれば完全な正の相関、−1 であれば完全な負の相関、0 であれば相関なし、ということになります。

たいていの場合は正の相関関係を見るので、「どれだけ+1に近いか」がポイントです。実際のデータは、おおざっぱに分けると相関係数が+0.6〜+0.8程度であれば十分に相関があるといえ、+0.3より小さいものは相関がないと考えることができます。

相関係数 ρ（ロー）は、次の式で求めることができます。

$$\rho = \frac{x と y の共分散}{(x の標準偏差) \times (y の標準偏差)} = \frac{x と y の共分散}{\sqrt{x の分散} \times \sqrt{y の分散}}$$

ここでは相関があるかどうかを知りたいので、この式の中にある分散（ぶんさん）、共分散（きょうぶんさん）、標準偏差（ひょうじゅんへんさ）といった用語の説明は省きます。前ページの表から、x を平均気温、y をジュースの消費量としたとき、x と y の共分散 = 95、$\sqrt{x の分散} = \sqrt{102.4} ≒ 10.12$、$\sqrt{y の分散} = \sqrt{114.0} ≒ 10.68$ です。これらの値を、相関係数を求める式に代入してみましょう。

解答 気温が上がれば、ジュースが飲みたくなる！

> 平均気温（℃）とジュースの月間消費量（本数）についての相関係数は、
>
> $$\rho = \frac{95}{\sqrt{102.4} \times \sqrt{114.0}} ≒ \frac{95}{10.12 \times 10.68} ≒ 0.88$$

0.88 は +1 にかなり近い値なので、この2者の相関はかなり強い、つまり気温が上がればそれだけジュースを飲んでいる、ということがわかりました。

第1章 13 統計

内閣支持率の見方、考え方を学ぼう

有効回答数にも注目すべし

問題 その内閣支持率、どのくらい正しいの？

選挙が近づいてきたので、新聞社やテレビ局が世論調査を行い、各社、内閣支持率を発表しています。

○○テレビが×月14日と15日に行った全国世論調査で、○○内閣を支持すると答えた人は○○％、支持しないと答えた人は○○％でした。調査の対象者数はXXXX人、有効回答数はXXX人でした。

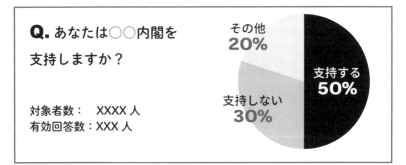

たとえば、内閣を支持すると答えた人が50％、有効回答数が1 000人の場合、全有権者を調査した支持率を「真の内閣支持率」とすると、その数字はどれくらいでしょうか？ また、有効回答数が500人、10 000人の場合とはどの程度違うのでしょう？

選挙の時期だけでなく重大な事件が起こったときなどにも、新聞社やテレビ局は世論調査を行って、内閣支持率を発表しています。しかし報道内容によると、有効回答数が1000人程度であることも多いようです。このときの真の内閣支持率はどの程度なのかを考えてみましょう。また、有効回答数、調査で得た内閣支持率を変えて比較してみましょう。

母比率の推定

統計的な考え方を用いて、この内閣支持率がどのくらい確からしいのかを考えてみます。まず、ここで使用する統計用語について、簡単に説明しておきます。

- 母集団（ぼしゅうだん）：調査対象となるすべての人、もの、事象。内閣支持率の場合は全有権者数
- 比率：全体に占める割合
- 母比率（ぼひりつ）：母集団における比率のこと。真の内閣支持率のこと
- サンプル数：母集団から選んだ数。標本ともいう。内閣支持率の場合は有効回答数のこと
- 標本比率（ひょうほんひりつ）：サンプルから得た比率のこと。調査した内閣支持率も標本比率

母集団が「全有権者」のようにあまりにも多い場合、「全有権者」を調査するのは不可能なので、そこから比率を求めることはできません。このため、調査対象を決めて、そこからサンプルをとり、標本比率を求めていきます。標本比率が求まれば、次の式より、「母比率がどのくらいの幅の中にあるのか」がわかります。

たとえば、「95％の確率で母比率がある区間」は、「標本比率より上下何％」で表すことができ、次の式で求まります。

母比率がある範囲（標本比率を基準として）

$$\rho - 1.96 \times \sqrt{\frac{\rho(1-\rho)}{n}} \sim \rho + 1.96 \times \sqrt{\frac{\rho(1-\rho)}{n}}$$

n：サンプル数、ρ：標本比率

　本書は統計の本ではないので、この式を導き出す過程は省略します。では、この式が意味するところを確認していきましょう。
　サンプル数 n が分母にあるので、サンプル数が多くなればなるほど全体の値が小さくなり、「母比率がある範囲」は狭くなります。これは、サンプル数が多くなればなるほど、真の値（＝母比率）により近づいていくことを示し、「真の値に近づく」とは、調査することが不可能である「全有権者を調査した内閣支持率に近づく」ということを意味します。

「100％」はありえないのが統計のポイント

　統計では、たとえばこの「95％の確率で」というのがポイントです。統計では「100％」というのはありえません。なぜなら、たとえばサンプルの内容が偏っていることもあるでしょうし、偶然、アンケートに皆が同じように答えることもあるからです。
　オリンピックで日本の選手が金メダルを多く獲得し、みんなの気分が盛り上がっているときに、「景気は良いですか？ 悪いですか？」と聞かれたら、全員が「良い」と答えるかもしれません。
　そのため、ここであげている例でいえば、"あくまでも「95％の確率」でその範囲にあるけど、残り5％の確率でその範囲外の場合もある。ただし5％はかなり小さい確率なので、ほぼ、求めた範囲で問題ないでしょう。"と解釈することができます。
　では、有効回答数（サンプル数）1000人、内閣支持率（標本比率）50％のときの、真の内閣支持率（母比率）がある範囲を求めてみましょう。

答 46.9%〜53.1%の間にある確率が95%！

> 母比率がある範囲の式に、有効回答数 $n = 1\,000$、内閣支持率（標本比率）$\rho = 0.5$（= 50%）を代入して、
>
> 母比率がある範囲（標本比率を基準として）
>
> $$\rho - 1.96 \times \sqrt{\frac{\rho(1-\rho)}{n}} = 0.5 - 1.96 \times \sqrt{\frac{0.5 \times (1-0.5)}{1\,000}}$$
> $$\fallingdotseq 0.5 - 0.031 \fallingdotseq 0.469 \fallingdotseq 46.9\,\%$$
>
> $$\rho + 1.96 \times \sqrt{\frac{\rho(1-\rho)}{n}} = 0.5 + 1.96 \times \sqrt{\frac{0.5 \times (1-0.5)}{1\,000}}$$
> $$\fallingdotseq 0.5 + 0.031 \fallingdotseq 0.531 \fallingdotseq 53.1\,\%$$
>
> 真の内閣支持率：46.9%〜53.1%の間にある確率が95%！

有効回答数が異なる場合を比較しよう

続けて有効回答数（サンプル数）が500人、10 000人のときの真の内閣支持率（母比率）がある範囲を計算し、比較してみましょう。それぞれの値を母比率がある範囲の式に代入していきます。

＜有効回答数が500人、内閣支持率が50％の場合＞

有効回答数 $n = 500$、内閣支持率（標本比率）$\rho = 0.5$（= 50%）を代入して、

母比率がある範囲（標本比率を基準として）

$$\rho - 1.96 \times \sqrt{\frac{\rho(1-\rho)}{n}} = 0.5 - 1.96 \times \sqrt{\frac{0.5 \times (1-0.5)}{500}}$$

$$\fallingdotseq 0.5 - 0.044 \fallingdotseq 0.456 \fallingdotseq 45.6\%$$

$$\rho + 1.96 \times \sqrt{\frac{\rho(1-\rho)}{n}} = 0.5 + 1.96 \times \sqrt{\frac{0.5 \times (1-0.5)}{500}}$$

$$\fallingdotseq 0.5 + 0.044 \fallingdotseq 0.544 \fallingdotseq 54.4\%$$

真の内閣支持率：45.6％〜54.4％の間にある確率が95％！

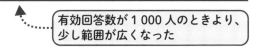
有効回答数が1 000人のときより、少し範囲が広くなった

＜有効回答数が10 000人、内閣支持率が50％の場合＞

有効回答数 n = 10 000、内閣支持率（標本比率） ρ = 0.5（= 50％）を代入して、

母比率がある範囲（標本比率を基準として）

$$\rho - 1.96 \times \sqrt{\frac{\rho(1-\rho)}{n}} = 0.5 - 1.96 \times \sqrt{\frac{0.5 \times (1-0.5)}{10\ 000}}$$

$$\fallingdotseq 0.5 - 0.010 \fallingdotseq 0.490 \fallingdotseq 49.0\%$$

$$\rho + 1.96 \times \sqrt{\frac{\rho(1-\rho)}{n}} = 0.5 + 1.96 \times \sqrt{\frac{0.5 \times (1-0.5)}{10\ 000}}$$

$$\fallingdotseq 0.5 + 0.010 \fallingdotseq 0.510 \fallingdotseq 51.0\%$$

真の内閣支持率：49.0％〜51.0％の間にある確率が95％！

49.0％〜51.0％の範囲に95％の確率で真の母比率があることがわかります。ほぼ50％ですね。10 000人も調査をすると、真の内閣支持率と標本比率はほぼ同じ値であるといえることがわかります。

有効回答数が数百人程度だと、真の内閣支持率を含む範囲が±数％でしたが、10 000人になると±1％以内となり、ほぼ正確であることがわかります。

今後は、内閣支持率の有効回答数にも注目しましょう。

さて、ここまでの説明で、母比率の推定には母集団の人数は関係ないことにお気づきでしょうか？ 関係しているのはサンプル数と標本比率だけ、本問でいえば有効回答数と内閣支持率だけです。

内閣支持率（標本確率）が異なる場合を比較しよう

では、有効回答数1 000人に対して、内閣支持率が60％と40％のときの真の内閣支持率がある範囲は、どれくらいになるのでしょうか？ 母比率がある範囲の式に、値を代入して計算してみます。

＜有効回答数が1 000人、内閣支持率が60％の場合＞

有効回答数 $n=1\,000$、内閣支持率（標本比率）$\rho=0.6\,(=60\%)$ を代入して、

母比率がある範囲（標本比率を基準として）

$$\rho - 1.96 \times \sqrt{\frac{\rho(1-\rho)}{n}} = 0.6 - 1.96 \times \sqrt{\frac{0.6 \times (1-0.6)}{1\,000}}$$
$$\fallingdotseq 0.6 - 0.030 \fallingdotseq 0.570 \fallingdotseq 57.0\%$$

$$\rho + 1.96 \times \sqrt{\frac{\rho(1-\rho)}{n}} = 0.6 + 1.96 \times \sqrt{\frac{0.6 \times (1-0.6)}{1\,000}}$$
$$\fallingdotseq 0.6 + 0.030 \fallingdotseq 0.630 \fallingdotseq 63.0\%$$

真の内閣支持率：57.0％〜63.0％の間にある確率が95％！

＜有効回答数が1 000人、内閣支持率が40％の場合＞

有効回答数 $n=1\,000$、内閣支持率（標本比率）$\rho=0.4$（＝40％）を代入して、

母比率がある範囲（標本比率を基準として）

$$\rho - 1.96 \times \sqrt{\frac{\rho(1-\rho)}{n}} = 0.4 - 1.96 \times \sqrt{\frac{0.4 \times (1-0.4)}{1\,000}}$$
$$\fallingdotseq 0.4 - 0.030 \fallingdotseq 0.370 \fallingdotseq 37.0\%$$

$$\rho + 1.96 \times \sqrt{\frac{\rho(1-\rho)}{n}} = 0.4 + 1.96 \times \sqrt{\frac{0.4 \times (1-0.4)}{1\,000}}$$
$$\fallingdotseq 0.4 + 0.030 \fallingdotseq 0.430 \fallingdotseq 43.0\%$$

真の内閣支持率：37.0％〜43.0％の間にある確率が95％！

実は、内閣支持率（標本比率）が60％（＝0.6）と40％（＝0.4）のときは、母比率がある範囲の値は約±3.0％と、まったく同じになります。これは√の中の分子が「$\rho(1-\rho)$」なので、$\rho=0.6$ と $\rho=0.4$ では、結果的に分子の値が同じになるからです。また、内閣支持率（標本比率）が50％のときは、この範囲が±3.1％だったので、60％、40％とそれほど変わらないことも確認しましょう。

メディアが報道する内閣支持率の見方

たとえば、各メディアが「内閣支持率は44％」と報道したら、その値に±3.0％してみて、真の内閣支持率がある範囲は41％〜47％くらいとらえるのがいいでしょう。「内閣支持率は57％」だったら、54％〜60％くらいです。

さて、ここまでの説明で、たとえば「内閣支持率が 40 ％を切りました！」というのは正確な情報ではないことがわかるでしょうか？「40 ％を切って」いても、真の内閣支持率を含む範囲を考えることで 40 ％を超えることがあるからです。

　なお、世論調査の方法は、通常、「層化二段無作為抽出法」が使われます。全国を 10 〜 20 のブロックに分け、人口比も考えながら 1 ブロックあたり何人と調査対象の人数を決めて、さらに無作為に電話番号を作成・抽出して調査を行っています。これは RDD 方式と呼ばれるもので、固定電話と携帯電話の電話番号をコンピューターが無作為につくりだし、調査員がその番号に電話をして調査を行う方法です。無作為につくったものなので、存在しない電話番号もあります。

　電話に人が出たら、地域・年齢・男女などを確認し、地域や年代、男女比などに偏りが出ないように調査対象を選ぶようにして、公平性をできるだけ保つようにしています。

お小遣い、毎週倍々計画！

最初は1円。でも、1年後は？

問題 1年後のお小遣いはいくら？

息子くんは週ごとにお小遣いをもらっています。お小遣いアップを目指し、お父さん、お母さんと、「今度のテストで100点をとったら」ということで次の約束をしました。

> 1円から始めて、次の週は2倍の2円、その次の週は2円の2倍の4円……と、お小遣いを1週間ごとに2倍ずつ増やしていく

この場合、1年を48週とすると、1年後の息子くんのお小遣いはいくらになっているでしょう？

　その昔、豊臣 秀吉に仕えた曽呂利 新左衛門（そろり しんざえもん）の、「米粒問題」という有名な問題にヒントを得た内容です。

　今度のテストで100点をとっても、最初のお小遣いはたったの1円。2倍しても2円です。では、これを繰り返していったら、1年後にはどのくらいの金額になるのでしょうか？

指数と指数関数のグラフ

　この問題では、指数と指数関数のグラフを思い浮かべて、増え方がどんど

ん大きくなっていく様子を実感してみてください。最後はとんでもないことになるはずです。

　2^3（$=2×2×2$）、a^2（$=a×a$）のように、掛け算を右上の小さい数字を使って表したものを**累乗**（るいじょう）といい、右上の小さい数字を累乗の**指数**（しすう）といいます。また、$y=2^x$、$y=a^x$のように、指数がxになっている関数を**指数関数**といいます。

① $a>1$のときの$y=a^x$のグラフ

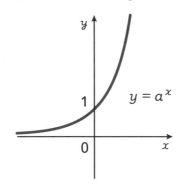

② $0<a<1$のときの$y=a^x$のグラフ

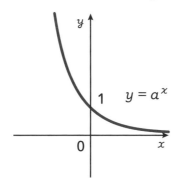

では、$y=2^x$ のグラフを描いてみましょう。まずは、x を 0、1、2、……と増やしていったときの y の値を計算してみます。

$2^0 = 1$、$2^1 = 2$、$2^2 = 2 \times 2 = 4$、$2^3 = 2 \times 2 \times 2 = 8$、……

x の値	0	1	2	3	4	5	6	……
y の値	1	2	4	8	16	32	64	……

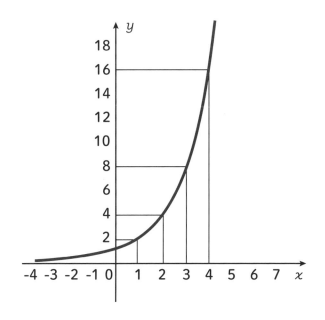

グラフを見るとわかる通り、$x=1$、2、3、4、……と増えていくと、y が倍々で増えていき、その幅がどんどん広くなっていくのが特徴です。

では、息子くんのお小遣いの計算をしてみましょう。最初は1円と少ないですが、実際に48週経過するとどうなるでしょうか？

解答 1年後のお小遣いは……！！！

```
 1週目   1円
 2週目   1円 × 2 = 2円
 3週目   1円 × 2 × 2 = 1 × 2² = 4円
 4週目   1円 × 2 × 2 × 2 = 1 × 2³ = 8円
 5週目   1円 × 2⁴  = 16円
 6週目   1円 × 2⁵  = 32円
 7週目   1円 × 2⁶  = 64円
 8週目   1円 × 2⁷  = 128円
 9週目   1円 × 2⁸  = 256円
10週目   1円 × 2⁹  = 512円
11週目   1円 × 2¹⁰ = 1,024円
12週目   1円 × 2¹¹ = 2,048円
13週目   1円 × 2¹² = 4,096円
14週目   1円 × 2¹³ = 8,192円
15週目   1円 × 2¹⁴ = 16,384円
16週目   1円 × 2¹⁵ = 32,768円
……
47週目   1円 × 2⁴⁶ = 70,368,744,177,664円
48週目   1円 × 2⁴⁷ = 140,737,488,355,328円
```

- 4週目について：1か月経ってもまだ8円！
- 11週目について：11週目でやっと約1,000円
- 48週目について：140兆円超！

なんと、48週目には、140兆円を超える！！ことがわかりました。約束するなら、せめて「3か月間限定（12週目は約2,000円）」くらいの約束にしておいたほうがよさそうです。

第2章
お出かけ編

01 安いガソリンスタンドまで移動するのは本当にお得？

第2章
単位量あたりの計算

燃費について考えよう

問題 どっちのガソリンスタンドで給油する？

運転中、お父さんはガソリンスタンドに寄ることにしました。

- 目の前にあるガソリンスタンド：120円/L
- 2km遠回りすることになるガソリンスタンド：118円/L
- 入れるガソリンの量：40L ● 車の燃費：10km/L

2円安い！

この場合、より安いガソリンスタンドまで移動して給油すべきでしょうか？

より安いガソリンスタンドを求めて、何kmも移動することはお得なのでしょうか？ここでは上記の条件で支払う金額を比較して考えてみましょう。

単位量あたりの計算をしよう

車の燃費とは、1Lあたりのガソリンで走れる距離のことをいい、

$$燃費〔km/L〕 = \frac{走った距離〔km〕}{使用したガソリンの量〔L〕}$$ より、

$$使用したガソリンの量〔L〕 = \frac{走った距離〔km〕}{燃費〔km/L〕}$$

という式が成り立ちます。この式から、2 km 遠回りすることになる（2 km 先の）ガソリンスタンドまで移動した場合に使用したガソリンの量を計算すると、燃費は 10 km/L なので、

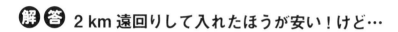

$$使用したガソリンの量 [L] = \frac{走った距離 [km]}{燃費 [km/L]} = \frac{2 \text{ km}}{10 \text{ km/L}} = 0.2 \text{ L}$$

この 0.2 L ですが、2 km 進むのにガソリンを 0.2 L 使ったということなので、本来なら 40 L だけ給油するところを、2 km 先のガソリンスタンドでは 40 L ＋ 0.2 L ＝ 40.2 L を給油すると考えます。

ここまでわかったら、どちらのガソリンスタンドで給油するのがよりお得になるのか、計算してみましょう。

解答 2 km 遠回りして入れたほうが安い！けど…

- 目の前のガソリンスタンドで 40 L 入れた場合の支払額
  120 円/L × 40 L ＝ 4 800 円
- 2 km 先のガソリンスタンドで 40.2 L 入れた場合の支払額
  118 円/L × 40.2 L ＝ 4 743.6 円

よって差額は、4 800 円 − 4 743.6 円 ＝ **56.4 円 ≒ 56 円**

さて、この約 56 円という差額、皆さんはどう感じますか？ 単純に支払う額だけを比べるのなら、2 km を移動して給油したほうが確かにお得です。しかし、差額は約 56 円しかありません。たとえば 2 km 移動するのに 10 分かかる場合、その 10 分で約 56 円以上の価値を別のこと（仕事でも家事でも育児でも）に見いだせるのなら、わざわざ移動する必要はないのかもしれません。

ご自身の価値観と照らし合わせて、お得かどうかを考えてみてください。

混雑率100％は満員電車？

電車の混み具合について考えよう

問題 混雑率100％の車両の人口密度は？

家族で在来線の電車に乗っていたところ、だんだんと混んできました。今は座席がすべて埋まり、ほとんどのつり革に人がつかまっている状態で、入り口近くにも人がいます。
息子くんはちょうど学校で「密度」について勉強したばかりです。そこで、今乗っている車両の人口密度について考えてみることにしました。お父さんがいうには、「今の状態を混雑率でいうと、ほぼ100％だな」だそうです。次の条件で、この車両の今の混み具合を人口密度で示してみましょう。

- 乗っている車両の定員：160人（席数51席）
- 乗っている車両の床面積：60 m^2

　ラッシュ時の電車の混み具合を示す指標に、混雑率があります。「100％」と聞くと、いわゆる「満員電車」を思い浮かべる方がいるかもしれませんが、実はそうではありません。混雑率は、「日本民営鉄道協会」によって次のように定義されています。

[100%] ＝ 定員乗車。座席につくか、吊り革につかまるか、ドア付近の柱
　　　　　につかまることができる。
[150%] ＝ 肩が触れ合う程度で、新聞は楽に読める。
[180%] ＝ 体が触れ合うが、新聞は読める。
[200%] ＝ 体が触れ合い、相当な圧迫感がある。しかし、週刊誌なら何
　　　　　とか読める。
[250%] ＝ 電車が揺れるたびに、体が斜めになって身動きできない。手
　　　　　も動かせない。

出所）日本民営鉄道協会

http://www.mintetsu.or.jp/knowledge/term/96.html

　ここではこの定義を使って、息子くんが乗っている車両の人口密度を計算してみましょう。

密度と混雑率

　密度（みつど）は、一般に単位体積あたりの重さのことを示します。

● **物質の密度：単位体積あたりの重さ**
　重さ ÷ 体積 → 単位：g/cm^3

　このほか、混み具合の程度を表すときにも、密度を使います。たとえば人口密度です。

● **人口密度：単位面積あたりに住む人の数**
　その地域の**人口の数** ÷ その地域の**面積** → 単位：人／km^2

　いずれも、求めたい重さ、人の数を単位量となる数で割って求めます。た

とえば、20 m² の部屋に 5 人いるとき、その部屋の人口密度は 1 m² あたりの人数を求めることになるので、次のように計算できます。

$$5 人 \div 20 \text{ m}^2 = 0.25 人/\text{m}^2$$

では、電車の混み具合について考えてみましょう。先ほどの定義によると、混雑率 100 % は、

[100 %] ＝ 定員乗車。座席につくか、吊り革につかまるか、ドア付近の柱につかまることができる。

ということでした。これを「単位面積あたりに何人いるのか」と考えると、人口密度で示せることになります。

この問題で息子くんが乗車している車両は、山手線などの在来線を想定しています。山手線の車両は、車体の長さが約 20 m、車体の幅が約 3 m なので、問題文では床面積を次の計算式で求めています。

$$20 \text{ m} \times 3 \text{ m} = 60 \text{ m}^2$$

E235 系量産車の場合、車両の定員は運転席のない中間車両で 160 人（席数 51 席）となっている（出所：『技報』株式会社 総合車両製作所発行）ので、これを定員乗車と考えて人口密度を計算します。

1 m² に約 2.7 人、人がいる状態

> この車両の人口密度は、面積 60 m² の車両に 160 人の人が乗っているので、「単位面積あたりに何人いるのか」という計算をして、
>
> 160 人 ÷ 60 m² ≒ 2.6666……人/m² ≒ **2.7 人/m²**

1 m² に約 2.7 人、人がいる状態です。車両全体を眺めると、かなり余裕がある状態だといえます。仮に、人の肩幅を 50 ㎝、体の厚みを 30 ㎝とすると、1 m² に占める割合は図のような感じです。

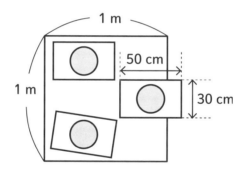

実際は、座席やつり革、ドア付近の柱などは窓側に寄っているため、真ん中の通路を人が通れる程度の混み具合、と考えることができます。

なお、お盆やお正月の頃によく耳にする「乗車率」は新幹線、特急などにおいて使われており、座席数に対して乗客がどれだけ乗っているのかを示す指標です。

ホノルルは今何時?

海外旅行中の人に電話をしよう

問題 今、東京は12時。ではホノルルは?

おじいちゃんとおばあちゃんは、今、ハワイに旅行に行っています。息子くんと娘ちゃんは旅行中のふたりと話をしたくなり、お母さんに電話をしてもいいかどうか聞きました。
「時差があるけど、今なら電話をしてもきっと大丈夫ね」
今が東京の5月23日12時だとすると、ホノルル(ハワイ)は何月何日の何時になるでしょう? 東京とホノルルの時差は、-19時間です。

　海外にいる人と電話をするとき、気になるのが時差です。こちらが昼間でも、あちらが真夜中とか早朝の場合、なかなか電話をしにくいものです。
　「東京とホノルルの時差は、-19時間」とあるように、時差の計算をするには「正負の数の計算」をする必要があります。ここでは、まず問題を解いてホノルルの現在時間を求め、その後、その正負の数の計算方法の理屈を考えて、時差の計算をできるだけ速く行えるようにしてみましょう。

正負の数の計算方法のおさらい

　正負の数の足し算は、式中の符号がすべて同じときは、その符号をつけて足し算を行います。

例1　$3 + 5 = (+3) + (+5) = +(3+5) = +8$

　　　　　　　↑どちらも＋　↑＋をつけて　↑足し算

例2　$-3 - 5 = (-3) + (-5) = -(3+5) = -8$

　　　　　　　↑どちらも－　↑－をつけて　↑足し算

　正負の数の足し算で式中に違う符号があるときは、数（絶対値）の大きいほうの符号をつけて引き算をします。

例3　$-3 + 5 = (-3) + (+5) = +(5-3) = +2$

　　　　　　　↑符号が違う　↑数の大きい5の符号　↑引き算

例4　$3 - 5 = (+3) + (-5) = -(5-3) = -2$

　　　　　　　↑符号が違う　↑数の大きい5の符号　↑引き算

　正負の数の引き算は、引き算を足し算に直して、後ろの数の符号を逆にして計算します。

　　　　　　　　引き算を↓　　足し算に直す↓

例5　$(+3) - (+5) = (+3) + (-5) = -(5-3) = -2$

　　　　　　　　　　　　　　↑例4と同じ計算

　　　　　　　　引き算を↓　　足し算に直す↓

例6　$(+3) - (-5) = (+3) + (+5) = +(3+5) = +8$

　　　　　　　　　　　　　　↑例1と同じ計算

ホノルルが今何時なのかを考えよう

では、ホノルルが今何時なのかを計算してみましょう。日本とホノルルの間には、日付変更線があることに注意が必要です。

今、東京が5月23日の12時、ホノルルとの時差は-19時間なので、まずは12時から19時間分を引きます。

$$12時 - 19時間 = -(19-12)時 = -7時$$

-7時とは、どういうことでしょう？ 24時（0時）を境にして日付が変わることに注意すると、-7時は24時（0時）からさらに7時間前、つまり東京よりも日付が1日前の17時になります。

$$24時 - 7時間 = 17時$$

 ホノルルは5月22日の17時！

> 東京が5月23日の12時のとき、
> 時差が-19時間あるホノルルの現地時間は、
>
> $12時 - 19時間 = -(19-12)時 = -7時$
>
> $24時 - 7時間 = $ **17時**　　ホノルルは5月22日の17時！

別の見方をすると、-19時間ということは、

$$-19 = -24 + 5$$

と変形することで、「今から丸1日分（24時間）を戻して、その後で5時間足す」と考えることもできます。

　今、東京は5月23日の12時なので、1日戻して5月22日の12時となり、そこに5時間を足すと、5月22日の17時となります。

　次に、ホノルルの時間を基準にして、「東京は今何時？」を考えてみます。ホノルルが10月31日の15時だとしたら、東京は何時でしょう？ ホノルルから見ると、東京との時差は＋19時間となるので、

15時＋19時間＝34時

34時は24時を超えているので、日付はホノルルより1日後

34時－24時＝10時　

東京は11月1日の10時！

　＋19時間ということは、「＋19＝＋24－5」なので、「ホノルル時間に丸1日分を足して、そこから5時間を引く」と考えることもできます。

　最後に東京が2月10日の8時のときの、以下の主要都市の現地時間を考えてみましょう。

- バンコク（タイ）：－2時間

  8時－2時間＝6時より、2月10日6時

- ニューデリー（インド）：－3時間30分

  8時－3時間30分＝4時30分より、2月10日4時30分

- ロンドン（イギリス）：－9時間（サマータイム時は－8時間）

  8時－9時間＝－1時間

  24時－1時間＝23時より、2月9日23時

第2章 04 移動は最短距離で!

一番近い道筋を考えよう

問題 最短距離で改札まで行くにはどの券売機で買えばいい?

娘ちゃんが、電車に乗ってお友達の家に遊びに行こうとしています。ICカードを忘れたので、切符を買わないといけません。しかし、遊び道具とお土産で荷物がいっぱいなので、できるだけ歩きたくありません。この図の場合、どの券売機で買うのがいいでしょう?

通路を左側から、券売機があるのとは反対の壁寄りを歩いてきて、券売機で切符を買って改札に入ることとします。

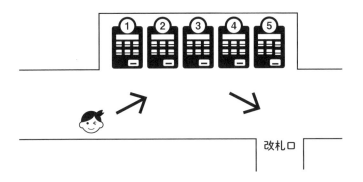

　最短距離で券売機から改札口に行こうとした場合、何番の券売機で買えばいいでしょう? これは作図問題として考えてみましょう。

最短距離の求め方

点Aから直線 m 上の点Pを通って点Bまで移動するとき、最短距離となる点Pは次のようにして求めることができます。

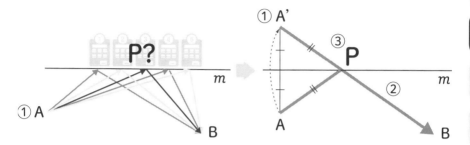

①直線 m に対して点Aと対称な点A'をとる
②点A'と点Bを直線で結ぶ
③直線A'Bと直線 m の交点が求める点Pとなる

解答 最短距離となるのは2番の券売機！

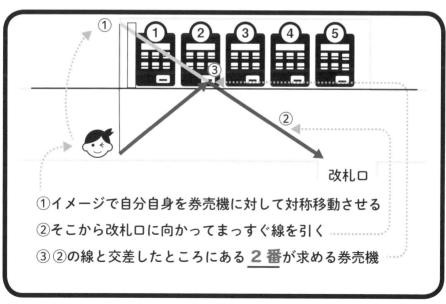

①イメージで自分自身を券売機に対して対称移動させる
②そこから改札口に向かってまっすぐ線を引く
③②の線と交差したところにある **2番** が求める券売機

揺れた！震央はどこ？

3地点から震央を探そう

問題　震央を3地点から割り出そう

お友達の家からの帰り道、娘ちゃんが電車に乗っていると地震がありました。被害はなく、電車はすぐに動き出しました。家に帰ってお父さん、お母さんとその話をしていると、「地震の到達時間が同じ3地点がわかれば、作図で震央（震源の真上にある地表の地点）がわかる」ということがわかりました。図のA～C地点での地震到達時間が同じだったとして、試しに震央を求めてみましょう。

地震の揺れは、震源（地震が起こった地中の場所）から球状に伝わっていきます。震源の真上にある地表の点が震央です。この震央は、円の知識とその特徴から、作図で求めることができます。

日本の場合、実際には気象庁が各観測所や観測点のデータをもとに震源や震度を発表していますが、ここでは震央を簡単に作図で求めてみましょう。

円の中心の求め方

円の中心は、弦（曲線上の2点を結ぶ線分）の垂直二等分線の交点から求めることができます。図で、線分ABの垂直二等分線は、点A、Bから等

距離にある点の集合です。

地点 A、B、C における地震の到達時間が同じということは、地震の性質上、地点 A、B、C は同一円周上にあるといえます。

この 3 点を通る円の中心を求めるには線分 AB、線分 BC の垂直二等分線を書き、その交点が中心となります。

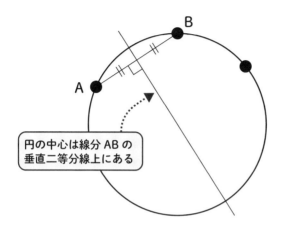

円の中心は線分 AB の垂直二等分線上にある

解答 線分 AB、線分 BC の垂直二等分線の交点が震央！

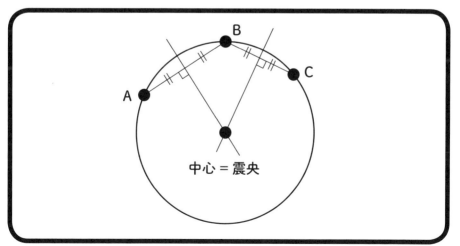

中心＝震央

次の信号を通過できるのはどっち？

急加速にそんなに意味があるのか

問題 次の信号を通過できる？できない？

信号待ちをしていると、隣にカッコいいスポーツカーが止まりました。お父さんの車は1秒間に10 km/hずつ速くなる乗用車、隣のスポーツカーは1秒間に20 km/hずつ速くなる車です。

目の前の信号と次の信号が同時に青に変わるとして、次の信号までは200 m、停止状態から同時にスタートして、青信号が30秒間続いたとき、次の信号をどちらの車も通過できるでしょうか？

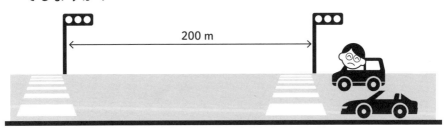

　信号待ちをしていると、信号が青になった途端に隣の車が急発進した、なんて経験をした人は多いと思います。この急発進、そんなに意味があるのでしょうか？ 急発進するということは、急加速するということです。ここではいくつかの仮定を置いて、停止状態から発進して、次の交差点を信号が変わるまでに通過できるかどうかを考えてみます。

　二次関数と加速度を使って考えてみましょう。

二次関数と加速度の式

x の二次式で表される関数を、x の**二次関数**（にじかんすう）といいます。よく見る式の形は、$y = ax^2 + bx + c$（a、b、c は実数、$a \neq 0$）です。$b = 0$、$c = 0$ とすると、$y = ax^2$ という式になります。

また x を t に変えた $y = at^2 + bt + c$ を、t の二次関数といいます。次の図は、$y = t^2$ のグラフです。

静止状態からの加速を考える場合、a を加速度（m/s²）、t を時間（秒）、y を t 秒間に進む距離（m）とすると、この 3 つの関係は次の式で表せます。

$$y = \frac{1}{2}at^2$$

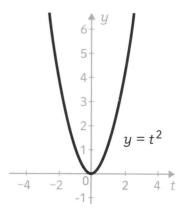

ここで a [m/s²] で示した**加速度**（かそくど）は、1 秒間あたりの速さの変化量のことをいいます。たとえば、1 秒間に 3 m/s ずつ速くなる場合の加速度は、3 m/s² と表します。

乗用車とスポーツカーの加速度を計算しよう

では、乗用車とスポーツカーの加速度を比較してみましょう。問題文では、加速度が「1 秒間に 10 km/h ずつ速くなる」「1 秒間に 20 km/h ずつ速くなる」と時速表示（km/h）になっているので、これを秒速（かつメートル表示。m/s）に直します。1 km = 1 000 m、1 時間（1h）= 60 分 × 60 秒 = 3 600 秒（3 600 s）なので、

$10 \text{ km/h} = \dfrac{10 \text{ km}}{1 \text{h}} = \dfrac{10 \times 1\,000}{1 \times 60 \times 60} = 2.7777\cdots ≒ \mathbf{3} \text{ m/s}$

1秒間に3 m/sずつ速くなるので、乗用車の加速度は **3 m/s²**

$20 \text{ km/h} = \dfrac{20 \text{ km}}{1 \text{h}} = \dfrac{20 \times 1\,000}{1 \times 60 \times 60} = 5.5555\cdots ≒ \mathbf{6} \text{ m/s}$

1秒間に6m/sずつ速くなるので、スポーツカーの加速度は **6 m/s²**

では、この加速度で200 m進むのに何秒かかるかを計算します。

 どちらの車も次の信号を通過できる!

● 乗用車の場合：$a = 3 \text{ m/s}^2$

$y = \dfrac{1}{2}at^2$ に代入して、$200 = \dfrac{1}{2} \times 3 \times t^2$ より、$t^2 = \dfrac{400}{3}$

$t > 0$ より、$t = \dfrac{\sqrt{400}}{\sqrt{3}} = \dfrac{20}{\sqrt{3}} ≒ \dfrac{20}{1.73} ≒ 11.6 \text{ s}$ ◀⋯⋯

乗用車は次の信号まで11.6秒かかる

● スポーツカー：$a = 6 \text{ m/s}^2$

$y = \dfrac{1}{2}at^2$ に代入して、$200 = \dfrac{1}{2} \times 6 \times t^2$ より、$t^2 = \dfrac{400}{6}$

$t > 0$ より、$t = \dfrac{\sqrt{400}}{\sqrt{6}} = \dfrac{20}{\sqrt{6}} ≒ \dfrac{20}{2.45} ≒ 8.2 \text{ s}$ ◀⋯⋯

スポーツカーは次の信号まで8.2秒かかる

よって、黄信号に変わるまでの30秒間に、
どちらの車も次の信号を通過できる!

乗用車とスポーツカーの加速度には2倍の差がありますが、200 m先の信号を通過する時間は、次の計算式より$\sqrt{2}$（≒ 1.41）倍しか変わりません。

$$\frac{20}{\sqrt{3}} \div \frac{20}{\sqrt{6}} = \sqrt{2}$$

途中で定速になる場合

　現実には、乗用車は11秒間も連続して加速すると、時速が11 × 10 km/h = 110 km/hとなってスピード違反になってしまうので、途中で加速をやめて定速になります。仮に6秒後（6 × 10 km/h = 60 km/h ≒ 16.7 m/s）で加速をやめて定速になった場合、200 m進むのにかかる時間t' [s] は、次の式で求めることができます。

- 加速する6秒間に進む距離は、$y = \frac{1}{2} \times 3 \text{ m/s}^2 \times (6 \text{ s})^2 = 54 \text{ m}$
- 信号まで残りの距離は、200 m − 54 m = 146 m
- 定速で走る時間は、146 m ÷ 16.7 m/s ≒ 8.7 s
- 200 m進むのにかかるすべての時間は、t' = 6 s + 8.7 s ≒ 14.7 s

　したがって、乗用車が停止状態から6秒間加速して進み、その後は定速で進む場合、次の信号を通過するまでにかかる時間は14.7秒となり、青信号が変わる前に十分通過可能ということがわかりました。スポーツカーの場合は、3秒間も加速すると時速が60 km/hとなり、その後は定速で進むとして同様に計算していくと、200 m進むのにかかる時間は13.4秒となります。こちらも、もちろん青信号が変わるまでに通過可能です。

時間に正確なバス会社はどっち？

第2章 07 分散

より正確なほうを選びたい

問題 定期券を買うならどちらのバス会社？

夏休みの間、駅近くの学習塾や習い事にたくさん通うことになった娘ちゃんは、駅まで行くバスの定期券を買うことにしました。表は、家から一番近いバス停の時刻表では 10:00 となっている、A社、B社のバスが実際に到着した時刻を5日間分示したものです。

	1日目	2日目	3日目	4日目	5日目
A社	9:40	10:10	9:50	10:00	10:20
B社	9:50	10:10	10:10	9:55	9:55

定期券を買うとしたら、どちらのバス会社にしますか？

ただし、最寄りのバス停から駅までの定期代や道順はまったく同じで、バスの混み具合にも差はないものとします。

　路線バスのA社とB社が、まったく同じ条件で運行を競い合っています。定期券を使うということは、乗るバスをどちらかの会社に決めるということです。どちらのバス会社がよいでしょう？

　ここでは、より時間に正確なほうを選ぶこととし、到着時間のばらつきを

分散という数値に直して考えてみましょう。

バスの到着時間で考えると、到着時間のばらつきが小さく、いつも同じ時間に来る、時刻表に正確なバス会社のほうが信頼できます。これを数学で考えると、最寄りのバス停への到着時間の分散が小さいほうのバス会社の定期券を買えばいい、ということになります。

ばらつきと分散

分散（ぶんさん）とは、分布のばらつき具合を数字で表したものです。分散が大きいものほど、ばらつきが大きいといえます。

分散を Σ（シグマ）という記号と、x_i、$\bar{x}$、n を使って表すと、次式となります。

$$\text{分散} = \frac{\sum_{i=1}^{n}(x_i - \bar{x})^2}{n} = \frac{(x_1 - \bar{x})^2 + (x_2 - \bar{x})^2 + \cdots\cdots + (x_n - \bar{x})^2}{n}$$

Σ は、Σ の横にある式を $i = 1$ から $i = n$ まで 1 つずつ増やして、式の結果をすべて足し上げる、という記号です。x_i は i 番目の値、$\bar{x}$ は x の平均、n は x の値の個数を表しています。$\bar{x}$ は x の平均を表すので、

$$\bar{x} = \frac{x_1 + x_2 + \cdots\cdots + x_n}{n}$$

と書けます。この式より、平均との差が大きい値ほど分散が大きくなることがわかります。

より時間に正確なバス会社を分散で考えよう

では、A社、B社の平均到着時間を求めてみましょう。10:00を基準にどれくらい時間に正確なのか、ということに注目して表を書き直してみます。

	1日目	2日目	3日目	4日目	5日目
A社	− 20	+ 10	− 10	0	+ 20
B社	− 10	+ 10	+ 10	− 5	− 5

- A社の平均: $\dfrac{(-20)+(+10)+(-10)+0+(+20)}{5} = 0$

- B社の平均: $\dfrac{(-10)+(+10)+(+10)+(-5)+(-5)}{5} = 0$

となり、10:00を基準として何分前後してバスが到着するのかの平均は、A社もB社も0分であることがわかりました。つまり、平均到着時間はどちらの会社も10時となります。

ここまでわかったら、到着時間のばらつき、分散を求めてみます。

解答 定期券を買うならB社！

- A社の分散:

$$\dfrac{(-20-0)^2+(+10-0)^2+(-10-0)^2+(+0-0)^2+(+20-0)^2}{5}$$
$$= 200$$

● B社の分散：

$$\frac{(-10-0)^2 + (+10-0)^2 + (+10-0)^2 + (-5-0)^2 + (-5-0)^2}{5}$$
$$= 70$$

→ B社の分散のほうが小さい

→ 定期券を買うなら、**到着時間のばらつきが小さいB社！**

なお、5日間の10：00を基準とした到着時間をグラフに表すことで、ばらつきの具合を視覚的に確認することが可能です。

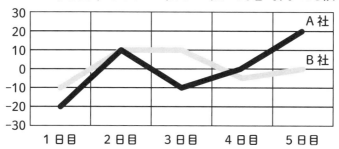

10時を基準としたA社とB社の到着時間の比較

B社のほうが、A社よりもグラフの上下が小さくなっていることがわかります。これを「ばらつきが小さい」、つまり「分散が小さい」といいます。

計算を簡単にするために、ここで用いたのは5日間だけのデータですが、10日間、1か月間とすることで、どちらの分散のほうが小さいのか、時間により正確なのはどちらのバス会社なのかがはっきりすることでしょう。

08 電車の乗り換えは歩く？走る？

駆け込み乗車は危険です！

問題 乗り換え駅で走ることに意味はあるのか？

お父さんは電車通勤をしています。最寄り駅から電車に乗り、大きな駅で別の路線に乗り換えます。乗り換え駅に着くのは毎朝8時です。乗り換え駅で降りてから、乗り換えのホームまで移動するのに、歩くと2分、走ると1分かかります。

最寄り駅から乗り換え駅までに使用する路線は時間に正確ですが、乗り換える路線は、本数はたくさんあるものの、混雑しているためか時間はそれほど正確ではありません。

乗り換え先のホームでは、3分毎に電車が発車するとし、発車時刻は混雑状況によって変わるので、わからないとします。走ることで1本前の電車に乗ることはできるのでしょうか？

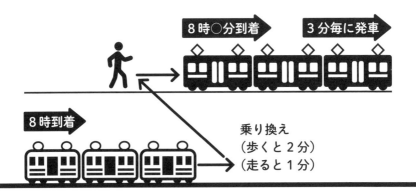

電車で移動中、急いでいると、乗り換え駅ではどうしても走りたくなるときがあります。危険なのでもちろん駆け込み乗車は禁止ですが、走ったところで、はたして1本前の電車に乗れるのでしょうか？

この問題はいくつかの仮定を置いて、場合分けをして結論を導いてみましょう。数式は特に出てきませんが、場合分けの考え方を身につけましょう。

場合分けとは

ある事柄についていくつかの場合が考えられるとき、まずどんな「場合」があるのかを考え、その1つ1つについて、他の場合とは関係ないものとして検討していきます。これを数学では**場合分け**といいます。

たとえばある事柄に対して①、②、③の場合があったとします。①を考えるときは②、③は考慮しません。②を考えるときは①、③は考慮せず、③を考えるときは①、②を考慮しません。このように、その場合だけを考えるのが場合分けの特徴です。

乗り換え電車の到着時刻を場合分けして考えよう

ではこの問題について考えてみます。まず、問題文から確定している内容を書き出してみましょう。

❶（お父さんが）乗り換え駅で降りる時間：8時00分00秒
❷ 乗り換えるためにかかるホームの移動時間
　歩くと2分かかる
　走ると1分かかる
❸ 1本前の電車と次の電車が発車するまでの時間間隔：3分

❶と❷から、お父さんが乗り換え駅で降りて、乗り換えホームへ到着する時間がわかります。お父さんが乗り換えホームに到着する時間は、次のようになります。

- 歩いた場合：8時02分
- 走った場合：8時01分

　さて、この問題で場合分けを検討するのは、「乗り換え電車が何時何分に出発するか」です。「電車の発車間隔3分」を使って、1本前の電車と乗り換える電車の発車時刻を1分ずつずらした場合を考えてみましょう。それぞれの時間において乗れるか、乗れないかを場合分けしてみます。

解答　走って1本前の電車に乗れることは少ない！

乗り換え電車の発車時刻を1分ごとに分け、4通りの場合を考える

○：乗り換え電車に乗れる　×：乗り換え電車に乗れない

⇒乗り換え電車の出発時刻を1分ごとに区切って考えた場合、歩いた場合と走った場合で電車に乗れるかどうかに差が出るのは1つの場合だけ！

	1本前の電車の発車時刻	乗り換え電車の発車時刻	歩いた場合 8時02分	走った場合 8時01分
①	7時57分	8時00分	×	×
②	7時58分	8時01分	×	○
③	7時59分	8時02分	○	○
④	8時00分	8時03分	○	○

この問題の場合、乗り換えのためにホームを移動するのに歩くのと走るのでは1分しか差がないため、走ったところで1本早い電車に乗れるケースは稀であることがわかります。
　これより、たくさんの電車が続いて来るような場合は、乗り換えに走ったところで1本前の電車に乗れる可能性は低いことがわかります。

走ったほうがいい場合とは？

　では、走ったほうがいいケースというのはあるのでしょうか？
　ここまでの内容から、電車と電車の間隔が短く、かつ、乗り換えにかかる時間が長い場合、歩くのと走るのとで大きく差が出るような場合は該当するといえそうです。乗り換え先の電車の到着時刻がわかっていて、乗り換えにかかる時間がわかっているような場合も、走ることで間に合う可能性が高くなるのかもしれません。
　しかし、ラッシュ時に限らず、どんなときでも階段やホームを走ることはとても危険です。駅を走って移動するのはやめましょう。

09 忘れ物はどこにある？

条件付き確率

見当をつけて探し出そう

問題 サングラス、どこに置き忘れた？

休日、家族みんなで遊びに出かけました。映画館で映画を見て、レストランでランチをして、遊園地で遊んだあとの帰り道、お父さんはサングラスをどこかに置き忘れてきたことに気づきました！

これまでの経験から、映画館に置き忘れる可能性（確率）が30％、レストランに置き忘れる可能性（確率）が20％、遊園地に置き忘れる可能性（確率）が40％とわかっています。映画館とレストランと遊園地、どこに置き忘れた可能性が高いでしょう？

	映画館	レストラン	遊園地
置き忘れる可能性	30％（0.3）	20％（0.2）	40％（0.4）

外出して忘れ物に気づいたとき、どこから探し始めますか？　行った場所が1か所なら探しやすいかもしれませんが、数箇所の場合、どこから探したものか、途方に暮れたことがある方も多いのではないでしょうか。ここでは、条件付き確率を用いて、置き忘れた可能性が高い場所を推測してみます。

条件付き確率とは

　$P_B(A)$ は**条件付き確率**と呼ばれ、Bが起きたときにAが起きる確率を表しています。たとえば、サイコロを1回投げたときに「3の目が出る」確率は1/6ですが、「奇数の目が出たときに、それが3の目である」確率は1/3になります。「奇数の目が出る」（3通り）という条件に対して、「3の目が出る」（1通り）確率です。

【条件付き確率】

$$P_B(A) = \frac{P(A \cap B)}{P(B)}$$

　$P_B(A)$：Bが起きたときにAが起きる確率（条件付き確率）

　$P(B)$：Bが起きる確率

　$P(A \cap B)$：AとBが同時に起きる確率

　サングラスを映画館に置き忘れる事象を A_1、レストランに置き忘れる事象を A_2、遊園地に置き忘れる事象を A_3、映画館・レストラン・遊園地のいずれかにサングラスを置き忘れる事象をBとすると、それぞれの場所で置き忘れた確率は次のように求めます。

①映画館に置き忘れた確率

$$P(B \cap A_1) = 0.3$$

②レストランに置き忘れた確率（映画館に置き忘れていない確率（1 − 0.3 = 0.7）を掛けるのを忘れないようにして）

$$P(B \cap A_2) = 0.7 \times 0.2 = 0.14$$

③遊園地に置き忘れた確率（映画館に置き忘れていないかつ、レストランに置き忘れていない確率（1 − 0.2 = 0.8）を掛けるのを忘れないようにして）

$$P(B \cap A_3) = 0.7 \times 0.8 \times 0.4 = 0.224$$

Bは映画館・レストラン・遊園地のいずれかにサングラスを置き忘れるという事象なので、「サングラスを置き忘れる確率」は、P(B)と書くことができます。P(B)は映画館で忘れた確率と、レストランで忘れた確率と、遊園地で忘れた確率を足したものになります。

$$P(B) = P(B \cap A_1) + P(B \cap A_2) + P(B \cap A_3)$$
$$= 0.3 + 0.14 + 0.224 = 0.664$$

条件付き確率の式に代入して、映画館、レストラン、遊園地のどこに置き忘れた確率が高いのか、計算してみましょう。ここでの条件とは、「サングラスを忘れたことに気づいたとき」になります。

次ページに計算結果を示します。お父さんは、サングラスを映画館に置き忘れた可能性（確率）が最も高いことがわかりました。

解答 サングラスは、映画館に置き忘れた可能性が**一番高い**！

- 映画館で置き忘れた確率は、

$$P_B(A_1) = \frac{P(B \cap A_1)}{P(B)} = \frac{0.3}{0.664} \fallingdotseq \mathbf{0.45\,(45\%)}$$

- レストランで置き忘れた確率は、

$$P_B(A_2) = \frac{P(B \cap A_2)}{P(B)} = \frac{0.14}{0.664} \fallingdotseq \mathbf{0.21\,(21\%)}$$

- 遊園地で置き忘れた確率は、

$$P_B(A_3) = \frac{P(B \cap A_3)}{P(B)} = \frac{0.224}{0.664} \fallingdotseq \mathbf{0.34\,(34\%)}$$

条件付き確率から原因の確率へ

　ここで問題の内容を振り返ってみましょう。サングラスを置き忘れる可能性は、映画館が30％、レストランが20％、遊園地が40％なので、このままだと遊園地に置き忘れた可能性が最も高くなっています。しかし、条件付き確率により、全体を通しての置き忘れたことに気づいた確率をもとにして考えてみると、映画館に置き忘れた可能性が最も高くなりました。レストラン、遊園地については、映画館に置き忘れていないという条件がつくので、実際の確率よりも影響が小さくなるためです。

　このように、今回の問題は、「置き忘れたと気づく」という「結果」から「どこに忘れた可能性が高いか」という確率を求めるものでした。これを、**原因の確率**といいます。

　結論として、今回は映画館で忘れた可能性（確率）が高いので、映画館から探すとよいでしょう。

点字で書かれた数字を読み解こう

凸と凹で示される記号

問題 自動券売機の点字で書かれた数字を読んでみよう

息子くんは、学校の授業で目の不自由な人たちのために「点字」というものがあることを知りました。身近なものに注意してみると、エレベーターの階数表示や、街中の案内表示にも点字が使われていることに気づきました。
駅では、自動券売機の横に点字で書かれた運賃表がありました。次の点字はいくつを表しているでしょう？

ヒント → 3桁

　点字は、その名のとおり「点（凸）」をある法則に基づいて並べたものです。縦に3つ、横に2列で並んだ6つの点の「あり（凸）」、「なし（平面）」から、数字、アルファベット、文字を表しています。実際に指をあてた方も多いでしょう。
　この点の「あり」「なし」は、2進法と考えることができます。
　ここでは2進法の特徴について学びながら、問題を解いてみることにしましょう。

10進法と2進法の考え方

2進法（にしんほう）とは、0と1の2つの数字で表される数字です。私たちが普段使っている、0、1、2、3、4、5、6、7、8、9の10個の数字で表されるものは、**10進法**といいます。

10進法と2進法を比べてみましょう。2進法は0と1で表す方法のほかに、●と○で表す方法があります。

10進法	2進法（0と1）	2進法（●と○）
0	0	○
1	1	●
2	10	●○
3	11	●●
4	100	●○○
5	101	●○●
6	110	●●○
7	111	●●●
8	1000	●○○○
9	1001	●○○●
10	1010	●○●○

2進法では、1桁目（右端）が、0→1→0→1→0→……（○→●→○→●→○→……）と、0と1（○と●）が交互に出てくるのがポイントです。

10進法では9の次に繰り上がって10になりますが、2進法では0と1しか数字がないので、1の次にすぐ繰り上がって10（＝10進法での2）となります。このため、10進法では **1 + 1 = 2** ですが、2進法では **1 + 1 = 10** となります。

2進法で1を●、0を○で表したのが、先ほどの表の右列の表記です。こ

の表記で 2 進法での 1 ＋ 1 ＝ 10 を書き直すと、●＋●＝●○となります。この●と○を使っているのが点字です。実際は●が凸状、○が平面となって表示されています。

点字の数字の表し方

点字は、6 つの点を 1 つのまとまりで見て、その点の「あり」「なし」で特定の数字やアルファベット、文字を表します。●は凸部、○はなし（平面）を表します。6 つの点を使って表すので、前ページの表とは様子が異なります。

ここでは数字のみを紹介しますが、実際は、アルファベット、ひらがななども表すことができます。

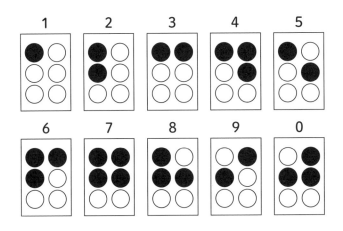

なお点字では、次の組合せは同じものとなるので注意しなくてはいけません。「一定の範囲内に 1 つの点がある」ので同じ、と考えるといいでしょう。

さて、点字の中には、特別な意味をもつものがあります。右図のように逆L字になっているものは「数符（すうふ）」といい、これは、「ここから数字が始まる」という意味です。点字で利用する点の数は6個しかないので、ひらがなと数字で同じ並びのものがあります。このため、数符で「ここからは数字」とあらかじめ宣言することが必要になるのです。

数符

解答 点字の数字で 230 !

問題文の4つの点字を□で囲い、平面の点を○で表すと次のようになるので、点字記号と照らし合わせて、

数符　　2　　3　　0

第2章 11 三角比

道路の勾配を角度にすると？

傾きの表し方を考えてみよう

問題 勾配5％を角度にすると？

家族みんなでドライブ中、息子くんと娘ちゃんは、道路に図のような標識があることに気がつきました。お父さんに「あれは何？」と聞くと、「急な上り坂に注意！ という標識だよ」と教えてくれました。ですが、「5％」「10％」の意味がよくわかりません。傾きのきつさを表しているそうですが、角度にするとどれくらいになるのでしょう？

ここでは、勾配5％について考えてみましょう。

　普通自動車等の運転免許をもっている人であれば、これが「上り急勾配あり」の警戒標識であることはすぐにわかるでしょう。では、5％、10％はどのような意味なのでしょうか？ 数字が大きいほど勾配がきつくなるのはわかりますが、％表示を視覚的に息子くんと娘ちゃんに説明するのは難しそうです。

　そこで、ここでは三角比を使って、実際の勾配の角度を求めてみましょう。

三角比の正接と角度

道路の勾配（傾き）とは、「水平距離 100 m に対して、垂直に何 m 上がるか」を示したものです。「勾配 5 ％」であれば、最初の高さを 0 m として、100 m 進んだらその 5 ％、つまり 100 m × 0.05 ＝ 5 m 上がる、ということになります。図にすると、次のようになります。

● 勾配 5％の場合

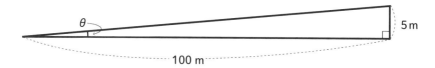

ここで三角比を用いて考えると、θ のおおよその角度が求まります。直角三角形において、底辺と高さの辺の比の値を **tan**（**タンジェント**）または、**正接**（せいせつ）といいます。三角比については、第 1 章「09　上体そらしでより高くまで上がるのは？」も参照してください。

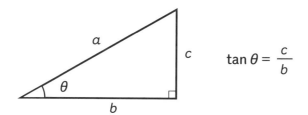

$$\tan \theta = \frac{c}{b}$$

次の表は、三角比の tan θ の値を抜粋してまとめたもの（小数第 4 位まで表示）ですが、この表より、tan θ の値がわかれば、θ のおおよその角度がわかります。

勾配5％は約3°！

勾配5％の場合の tan θ の値を求めると、

$$\tan \theta = \frac{5}{100} = 0.05$$

次の表より、tan θ の値が 0.05 に一番近い角度は **3°**

表　三角比の表（tan について抜粋）

θ	tan θ	θ	tan θ
0°	0.0000	14°	0.2493
1°	0.0175	15°	0.2679
2°	0.0349	16°	0.2867
3°	0.0524	17°	0.3057
4°	0.0699	18°	0.3249
5°	0.0875	19°	0.3443
6°	0.1051	20°	0.3640
7°	0.1228	21°	0.3839
8°	0.1405	22°	0.4040
9°	0.1584	23°	0.4245
10°	0.1763	24°	0.4452
11°	0.1944	25°	0.4663
12°	0.2126	26°	0.4877
13°	0.2309	27°	0.5095

　分度器を見ながら「たったの3°！ そんなにきついかな？」と思われた方がいらっしゃるかもしれません。しかし、警戒標識となるくらいですから、実際に歩いてみたり、車に乗って走ってみたりすると、それなりに傾斜のあ

る坂道だと感じるのではないでしょうか。

勾配 10 %の場合

勾配 10 %のときの角度も計算してみましょう。勾配 10 %を図にすると、次のようになります。

●勾配 10%の場合

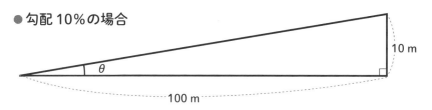

図より、$\tan \theta = \dfrac{10}{100} = 0.1$

先ほどの三角比の表より、$\tan \theta$ の値が 0.1 に一番近い角度は 6°なので、勾配 10 %の勾配は約 6°であることがわかります。

12 カーブの曲がり具合を調べよう

数字が小さいとカーブはきつい？ゆるい？

問題 カーブがきついのはどっち？

家族みんなでドライブ中、息子くんと娘ちゃんは、道路に図のような標識があることに気がつきました。お父さんに「あれはなに？」と聞くと、「カーブに注意！という標識だよ」と教えてくれました。「R = 250 m」「R = 500 m」でカーブのきつさがわかるのだそうです。では、どちらのカーブのほうがきついのでしょう？

普通自動車等の運転免許をもっている人であれば、これが「右方屈曲あり」の警戒標識で、「R = 250 m」「R = 500 m」といった表記がカーブのきつさを示していることは知っているはずです。

ここでは、まず円の方程式について確認し、半径によってカーブのきつさがどう違うのかを考えてみましょう。

円の方程式とカーブの関係

中心 (a, b)、半径 r の**円の方程式**は、次の図のように表せます。

「R = 500 m」の R は Radius（半径）の頭文字を表し、「R = 500 m」とは「半径 500 m」を意味します。

「半径500 m」というのは、「この先にあるカーブは半径500 mの円の円周の一部となっており、そこから500 m内側に円の中心がある」ということを意味します。顔を真横に向け、500 m先に円の中心があることをイメージしてみてください。

では、「R = 250 m」つまり「半径250 m」と「R = 500 m」つまり「半径500 m」のカーブでは、どちらがきついのでしょう？

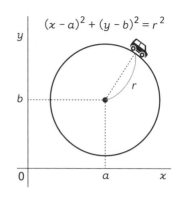

解答 値の小さい R = 250 m のほうがきつい！

「R = 250 m」と「R = 500 m」の円（原点でx軸に接する円）を座標上に書いて、原点付近を拡大して調べてみると、半径の小さい「R = 250 m」のほうが、曲がり方がきつい！

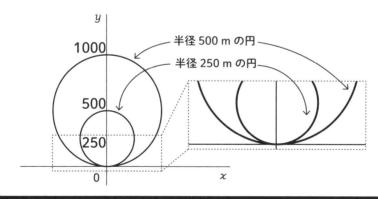

実際に運転していると、「R = 250 m」はかなりきついカーブだと感じると思います。高速道路では、「R = 400 m」でも急カーブだと感じるくらいです。峠などでは「R = 100 〜 30 m」くらいのこともあり、「R = 30 m」というのはいわゆるヘアピンカーブになります。

第2章 13 乗っている電車の速さを計算してみよう

ホームを出るとき、時速何 km ?

問題 ホームを出るときの電車の速さは？

息子くんは、駅で電車の一番後ろの車両の最後尾に乗りました。試しに時間を計ったところ、この電車が出発してからホームを通過するまでに 20 秒かかりました。この電車がホームから出たとき、この電車は時速何 km となっていたでしょう？なお、息子くんが乗った位置からホームが終わるまでの長さは 220 m でした。

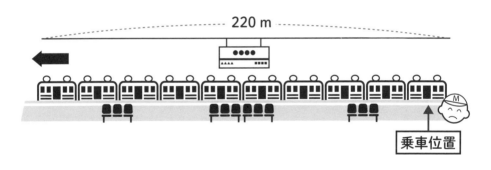

電車は時速何 km くらいで走っているのでしょう。いろいろな資料を見て調べてみると、普通列車で時速 30〜80 km、急行で時速 80〜120 km くらいのようです。

ここでは、今自分が乗っている電車が出発してからホームを通過するまでの時間を計り、加速度を求め、そこから速度を導いてみましょう。

微分とは

この章の「06 次の信号を通過できるのはどっち?」で紹介した、$y = t^2$ のグラフ上の点 (t, t^2) における接線の傾きは、$2t$ になることが知られています。このように、曲線 $y = t^2$ 上の点における接線の傾きを求めることを、t^2 を t で**微分**(びぶん)するといい、$(t^2)'$ と表します。まとめると、次のようになります。

【微分の公式】
$$(t^2)' = 2t \ \cdots\cdots ①$$

また、微分には、次のような性質があります。

$$(At^2)' = A(t^2)' = 2At \quad (\text{A は定数}) \ \cdots\cdots ②$$

加速度の式から速さの式を微分で求めよう

本章の「06 次の信号を通過できるのはどっち?」では、静止状態からの加速を考える場合、a を加速度、t を時間、y を t 秒間に進む距離とすると、この 3 つの関係は、

$$y = \frac{1}{2}at^2 \ \cdots\cdots ③$$

で表せる、ということを説明しました。今回求めたいのは、電車がホームを出た瞬間の速さです。言い換えると、電車が出発してから 20 秒後の電車の速さということになります。

実は、速さは距離(③の式)を時間(③の式の t)で微分すると求まることが知られています。$y = \frac{1}{2}at^2$ という関係式より、a を定数と考えて、

$\frac{1}{2}at^2$ を t で微分します。②において $A = \frac{1}{2}a$ と考えれば、

$$\left(\frac{1}{2}at^2\right)' = \frac{1}{2}a(t^2)' = \frac{1}{2}a \times 2t = at \quad \cdots\cdots ④$$

なので、t 秒後の速さは at であることがわかります。
　では、問題を解いていきましょう。ホームを通過するまでの時間 20 秒と、息子くんの乗車位置から進行方向にホームが終わるまでの長さ 220 m から、求めるホーム通過時の速さを求めることができます。厳密には息子くんがホームを通過したときの速さということになりますが、その差はわずかなので、ここではその差は考えないこととします。
　また、電車は出発してからどんどん速くなるので、単純に「距離÷時間＝ 220 m ÷ 20 秒」で、この問題の速さは求まらないことに注意しましょう。

解答 時速約 80 km でホームを通過！

③の距離と加速度、時間の関係式に $y = 220$ m、$t = 20$ s を代入して、加速度 a 〔m/s²〕を求めると、

$$y = \frac{1}{2}at^2$$

$$220 = \frac{1}{2}a \times 20^2$$

$$440 = a \times 400$$

$$a = \frac{440}{400} = 1.1 \text{ m/s}^2$$

④で示した t 秒後の速さの式に、t = 20 s と求めた a = 1.1 m/s² を代入すると、

at = 1.1 m/s² × 20 s = 22 m/s

求めるのは、km 単位の時速なので、

22 m/s = 22 m/s × $\dfrac{3\ 600\ \text{s}}{1\ 000\ \text{m}}$ = **79.2** km/h （約 80 k m/h）

したがって、ホーム通過時の時速は約 80 km/h であることがわかりました。

このように、電車の最後尾に乗り、そこからホームが終わるまでの距離と、電車が出発してからホームを出るまでにかかった時間がわかれば、乗った電車がホームを出たときの速さを求めることができます。

第②章 14 渋滞発生の原因を探れ！

等差数列

車間距離を十分に取ろう

問題 ブレーキが渋滞発生の原因？

お父さんが高速道路を運転中、なぜか前の車がほんの一瞬、0.1秒だけブレーキを踏みました。前の車の急なブレーキに驚き、お父さんは前の車よりも0.3秒だけ長くブレーキを踏みました。すると、お父さんの車の後ろを走っていた車も驚いて、お父さんの車よりも0.3秒だけ長くブレーキを踏みました。以降、「前の車が踏んだブレーキの長さ＋0.3秒」ずつブレーキを踏んだとき、お父さんの前の車から数えて20台目の車は何秒間ブレーキを踏むことになるでしょう？

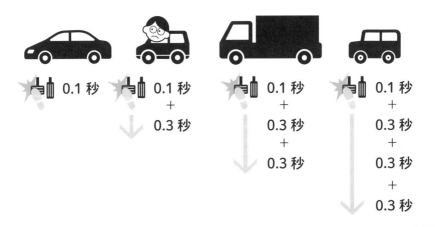

高速道路や一般道で、事故は起こっていないし、道路工事もしていないし、片側通行にもなっていないのに、渋滞が発生するときがあります。一般には、

①サグ部（下りから上り坂になるところ）、②トンネルの入り口、③合流地点などにおいて、「前の車が減速したことにより後ろの車がブレーキを踏む」ことが、その原因とされています。

ここでは、前の車がブレーキを踏んだことにより、後ろを走っている車が0.3秒だけ長くブレーキを踏んでいった場合、20台目の車は何秒ブレーキを踏むことになるのかを考えてみましょう。なお、最初にブレーキを踏んだ車を1台目とします。

等差数列とは

数を1列に並べたものを**数列**（すうれつ）といいます。数列を作っているそれぞれの数を数列の**項**（こう）、数列の最初の項を**初項**（しょこう）といいます。
次の数列を、項と項の差に注目して見てみてください。

$$2 \quad 5 \quad 8 \quad 11 \quad 14 \quad 17 \cdots\cdots$$

どの2項間も、差がすべて3になっています。つまり、この数列は、初項2に次々に3を加えて得られる数列ということになります。このように、一定の数を次々に加えて得られる数列を**等差数列**（とうさすうれつ）といい、加える一定の数を**公差**（こうさ）といいます。
等差数列には次のような性質があることが知られています。

【等差数列の性質】

初項を a、公差を d とすると、

- 等差数列の第 n 番目の項 a_n 　　$a_n = a + (n-1)d$
- 等差数列の第 n 項までの和 S_n 　　$S_n = \dfrac{1}{2}n\{2a + (n-1)d\}$

先ほどの初項 $a = 2$、公差 $d = 3$ の等差数列の第 n 番目の項は、

$$a_n = 2 + (n-1) \times 3 = 3n - 1$$

で表せます。また、この等差数列の第 4 項までの和 S_4 は、

$$S_n = \frac{1}{2}n\{2a + (n-1)d\}$$
$$= \frac{1}{2} \times 4 \times \{2 \times 2 + (4-1) \times 3\} = 26$$

となり、これは、「2 ＋ 5 ＋ 8 ＋ 11 ＝ 26」と同じ値になります。

身近なもので考える等差数列

たとえば、今日から毎日貯金をすることにしたとします。初日に 10 円を貯金し、毎日 10 円ずつ貯金する額を増やしていくのは、等差数列になります。たとえば、貯金を始めてから 30 日目にする貯金の額 a_{30} は、

$$a_{30} = 10 + (30-1) \times 10 = 300 \quad \textbf{300 円}$$

となり、30 日間で貯まった金額 S_{30} は、

$$S_{30} = \frac{1}{2} \times 30\{2 \times 10 + (30-1) \times 10\}$$
$$= 4\,650 \quad \textbf{4 650 円}$$

となります。では、問題を解いてみましょう。

解答 20台目の車が踏むブレーキの長さは 5.8 秒！

> 初項が 0.1 秒、公差が 0.3 秒の等差数列の第 20 番目の値を求めればいいので、等差数列の第 n 番目の式に当てはめて、
>
> $a_{20} = 0.1 + (20 - 1) \times 0.3 = 0.1 + 19 \times 0.3 = 5.8$
>
> 5.8 秒

なんと、20台目の車は約6秒もブレーキを踏むことがわかりました。ブレーキを6秒間も踏むと、かなり減速します。最初の車のたった0.1秒の減速が、20台目には約6秒もの減速につながることがわかったのです。

では、このような理由で渋滞を発生させないようにするには、どうしたらいいでしょうか？ たとえば、十分な車間距離を取っていれば、前の車が0.1秒ブレーキを踏んだとしても、後ろを走っている車は先ほどよりも少ない0.2（＝ 0.1 ＋ 0.1）秒の間、ブレーキを踏めば済むかもしれません。すると、初項が0.1秒、公差が0.1秒の等差数列になるので、20台目の車がブレーキを踏む時間 a_{20} は、次のように2.0秒であることがわかります。

$$a_{20} = 0.1 + (20 - 1) \times 0.1 = 0.1 + 19 \times 0.1 = 2.0$$

20台目で2.0秒なら、それほど減速はされません。さらに、20台目までのどこかで十分な車間距離があれば、後ろのほうの車はブレーキを踏まなくても済むかもしれませんね。

渋滞を防ぐには、十分な車間距離を取って運転し、ブレーキをむやみに踏まないことがポイントになりそうです。もちろん、スピードを出し過ぎるとカーブなどでブレーキを踏むことになりますが、できるだけ一定速度で走っていれば、理論上は渋滞が起きないことになります。

第2章 15 回帰式

青森ICまで、実際は何時間かかりそう？

経験から未知のものを推測しよう

問題 青森まで何時間？

今度の連休に、家族で東北自動車道を使って青森まで旅行に行く予定です。運転するお父さんとお母さんは、これまで宇都宮、郡山、仙台宮城の各ICまでは行ったことがあり、川口JCTからはそれぞれ1時間、2時間、3時間半かかりました。青森までは何時間かかると推測できますか？

川口JCTからの距離は、宇都宮までは103 km、郡山までは216 km、仙台宮城までは332 km、青森までは680 kmとします。

車で遠出する場合、特に初めて行く場所の場合は、あらかじめそこまで行くのにどれくらいの時間がかかるのか、インターネットの経路情報などのサービスを使って調べる方が多いことでしょう。

今回はインターネットに頼らず、回帰分析という考え方を使って、これまでの経験からまだ行ったことのない目的地まで行くのにかかる時間を推測してみましょう。

回帰分析、回帰式とは

　ここでは、回帰分析という統計的な考え方を用います。**回帰分析**（かいきぶんせき）とは、2つの数値のグループの関係を**回帰式**（かいきしき）という直線の式で表し、その式を使って未知の値を予測することをいいます。この問題では、宇都宮、郡山、仙台宮城の各ICまでの時間を使って直線の式（回帰式）を求め、その直線の青森までの距離を代入し、青森まで行く時間を求めてみます。

　2つの変数 x、y の値を座標平面上に置いたとき、それらの点のちょうど中央を通るような直線を**回帰直線**（かいきちょくせん）、その直線の式である $y = ax + b$ を**回帰式**といいます。

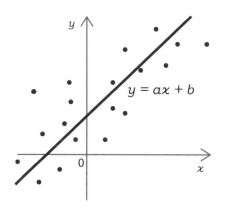

　回帰分析における直線の式の求め方にはいくつかの種類があり、その代表的なものが最小二乗法です。**最小二乗法**とは、今ある点と直線との誤差が最小になるように直線の傾き、切片を求める方法です。

　回帰式 $y = ax + b$ において、x の平均を $\bar{x}$、y の平均を $\bar{y}$ とすると、次の式が成り立ちます。a は傾き、b は切片です、Σの詳細については、本章の「07　時間に正確なバス会社はどっち？」を参照してください。

傾き a は、x 軸方向に＋1進んだとき、直線は y 軸にどれだけ上がるか（下がるか）を示したものです。**切片**（せっぺん）b は、直線と y 軸との交点の y 座標を表します。

$$a = \frac{\sum_{i=1}^{n}(x_i - \bar{x})(y_i - \bar{y})}{\sum_{i=1}^{n}(x_i - \bar{x})^2} \cdots\cdots\cdots ①$$

$$\bar{y} = a\bar{x} + b \cdots\cdots\cdots ②$$

では問題文の情報を整理してみましょう。川口 JCT から各 IC まで行くのにかかった時間を x 時間、距離を y km として、x と y の回帰式を求めていきます。

先ほどの a を求める式①に必要な各値を計算してみましょう。

	x_i	y_i	$x_i - \bar{x}$	$y_i - \bar{y}$	$(x_i - \bar{x})^2$	$(x_i - \bar{x})(y_i - \bar{y})$
宇都宮	1	103	-1.2	-114	1.44	136.8
郡山	2	216	-0.2	-1	0.04	0.2
仙台宮城	3.5	332	1.3	115	1.69	149.5
平均	2.2*	217				
合計（Σ）					3.17	286.5

＊は小数第 2 位を四捨五入

表より、$\sum_{i=1}^{n}(x_i - \bar{x})(y_i - \bar{y}) = 286.5$、$\sum_{i=1}^{n}(x_i - \bar{x})^2 = 3.17$、$\bar{x} = 2.2$、$\bar{y} = 217$ であることがわかりました。では、問題を解いてみましょう。結果は次ページのようになります。

なお、この問題の川口 JCT から各 IC までの時間と距離の関係をグラフにすると、次の図のようになります。

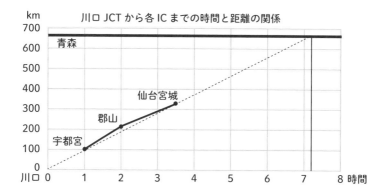

解答 経験から、川口 JCT から青森 IC まで約 7 時間 18 分

式①に $\sum_{i=1}^{n}(x_i-\bar{x})(y_i-\bar{y})=286.5$、$\sum_{i=1}^{n}(x_i-\bar{x})^2=3.17$ を代入して

$$a=\frac{\sum_{i=1}^{n}(x_i-\bar{x})(y_i-\bar{y})}{\sum_{i=1}^{n}(x_i-\bar{x})^2}=\frac{286.5}{3.17}=90.378\cdots\fallingdotseq 90.4$$

（1 時間あたり平均 90.4km 進む）

式②に、$\bar{x}=2.2$、$\bar{y}=217$、$a=90.4$ を代入して、

$\bar{y}=a\bar{x}+b$

$217=90.4\times 2.2+b$

$b=18.12\fallingdotseq 18.1$　………④

式③と④より、求める回帰式は、

$y=90.4x+18.1$　………⑤

川口 JCT から青森 IC までの距離 680 km を式⑤の y に代入して、

$680=90.4x+18.1$

$x=7.3219\cdots\fallingdotseq 7.3$ 時間 = **7 時間 18 分**

（0.3 時間を分に直すと、$0.3\times 60=18$）

第3章
お買い物編

01 どちらのポイントをためよう?

第3章 割合

行きつけのショッピングセンター選び

問題 どちらのショッピングセンターがお得?

- A モール
  100円ごとに1ポイントたまります。
  100ポイントたまったら500円引き!

- B プラザ
  50円ごとに1ポイントたまります。
  200ポイントたまったら1000円引き!

　家から同じくらいの距離に2つのショッピングセンターがあり、登録料無料のカードをつくってショッピングセンター内のお店で買い物をすると、この条件で割引サービスを受けることができます。皆さんは、どちらのショッピングセンターに通いますか? 今回は割合を使って、ポイント還元率を求めて考えてみましょう。

割合で考えよう

　割合(わりあい)とは、「基準とする数字を1としたときに、もう一方の数字がいくつになるか」を表したものです。割合には、小数、百分率(ひゃくぶんりつ)、歩合(ぶあい)で表現でき、右の表のように対応しています。

百分率	小数	歩合
100%	1.0	10割
10%	0.1	1割
1%	0.01	1分

たとえば 200 に対する 40 の割合を考えると、

$$40 \div 200 = 0.2 = 20\% = 2 \text{割} \quad \blacktriangleleft \cdots \boxed{\text{基準は 200}}$$

ポイント還元率（かんげんりつ）も割合で考えることができます。「割引を受けるまでに支払う金額」を基準とし、それに対する「割引金額」の割合を考えます。ポイント還元率は次の式で求めます。

$$\text{ポイント還元率（％）} = \frac{\text{割引金額}}{\text{割引を受けるまでに支払う金額}} \times 100$$

解答 B プラザのほうがお得！

●A モール
割引を受けるまでに支払う金額
　　= 100 円 × 100 ポイント = 10 000 円
A モールのポイント還元率 = $\frac{500}{10\,000} \times 100 =$ **5** ％

●B プラザ
割引を受けるまでに支払う金額
　　= 50 円 × 200 ポイント = 10 000 円
B プラザのポイント還元率 = $\frac{1\,000}{10\,000} \times 100 =$ **10** ％　　お得！

割引を受けるまでに支払う金額は同じですが、ポイント還元率を見ると、B プラザのほうがお得なことがわかりました。

第3章 02 よりお得なお肉のパックを買いたい！

単位量あたりの計算

基準を決めて比べよう

問題 1gあたりいくら？

夕飯の材料を買いに、スーパーマーケットに来ています。今日は肉の特売日で、いろいろなブランド肉がパックで売られています。価格も入っている量も違うもパックのうち、どちらがお買い得でしょう？

❶ ABCビーフ　　200gで500円
❷ いろは牛　　　300gで600円

生鮮食品売り場には、パックに入ったいろいろな肉が売られています。牛、豚、鶏、羊……どの肉を買うかは今晩のおかずで決めるとして、よりお得なパックを買うにはどうしたらいいでしょう？ こんなときには基準を決めて、その基準に対してどのくらいなのか？を比較するのがいいでしょう。今回は、基準を「1g」として、「1gあたりいくら？」を計算し、比較してみましょう。

1gいくら？ 単位量あたりの計算をしてみよう

「1あたり」を求めることを、「**単位量**（たんいりょう）を求める」といいます。

（比較される数）÷（基準にする数）＝（1あたりの数）

「1gあたりいくら？」の場合、「比較される数＝円（金額）」、「基準にする数＝g（重さ）」になるので、円（金額）をg（重さ）で割ればいいことがわかります。

解答　いろは牛のほうがお得！

> ❶ ABC ビーフ　200gで500円
> 500円 ÷ 200g = **2.5** 円／g
>
> ❷ いろは牛　　300gで600円
> 600円 ÷ 300g = **2.0** 円／g
>
> （安いほうがお得！）

❶のABCビーフは1gあたり2.5円、❷のいろは牛は1gあたり2.0円です。1gあたりで比較したとき、わずかな差ではありますが、より安いのは「❷いろは牛　300gで600円」のパックでした。

パックの重さを同じにして比較しよう

先ほどは「1gあたりいくら？」で比較しましたが、別の考え方でどちらがお得かを考えてみましょう。今度は、「❶ABCビーフ　200gで500円」のパックに入っている肉の量を増やして、「❷いろは牛」と同じ300gにした場合、「❶ABCビーフ 300gになったらいくら？」を計算してみます。同じ量を安く買えたほうがお得ということになりますね。

そう難しい計算ではありません。❶のABCビーフは、1gあたり2.5円でした。では、これを300g買ったらいくらになるか？ を順を追って計算すればいいだけです。

別解 いろは牛のほうがやっぱりお得！

　パックに入っている量を同じにして考えると値段の比較がしやすくなり、どちらがお得なパックなのかがすぐにわかるようになります。
　このように、何を基準にするかによっていろいろな計算方法が考えられます。ポイントは「基準」をしっかりと決めることです。

数字を並べて考えてみよう

ここで、もっと単純に比較できる例を紹介しましょう。ポイントは、「数字の特徴をつかみながら計算する」ことです。例として、「❸XYZ豚 250gで500円」、「❹あいうえお豚　350gで750円」という2つのブランド肉のパックで考えてみましょう。

まずは数字の特徴をつかむために、これらを並べてみましょう。スーパーマーケットではそれぞれのパックを実際に上下に並べるとわかりやすいでしょう。

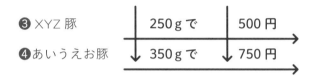

数字を縦と横、2方向に分けて注目してみます。g（重さ）の数字どうし、つまり縦に並んだ数字は一見して比較しにくいと感じる方が多いのではないでしょうか？ 250gを何倍すると350gになるか、すぐに計算するのは難しいですよね。そこで、横の数字に注目してみましょう。❸は、250を基準とすると500は2倍になっています。この「2倍」を基準に考えてみると、❹は350×2＝700で700円になるはずです。しかし、実際の価格は750円となっており、❸より❹のほうが高いといえます。

この比較方法に納得いかない方がいるかもしれませんね。では、単位量あたりの計算をして、同じ量を買ったらどうなるか、計算してみましょう。

❸は、$500円 ÷ 250g = 2円/g$ となり、1gあたり2円です。これが❹と同じ350g入りのパックだった場合、$2円/g × 350g = 700円$ となります。「❹あいうえお豚　350gで750円」なので、やはり❹のほうが高いことがわかります。

第3章 03 百分率

2回割引されたらどうなるの？

割引からの割引を考えよう

問題 結局、10 000円のものがいくらで買えるの？ ??% OFF

お父さんと息子くんは、くつ屋さんで変わったセールを見つけました。2回割引されるようですが、❶〜❸の商品はそれぞれいくらで買えるのでしょう？

❶ 定価10 000円から30％引きして、さらにレジで10％引き
❷ 定価10 000円から20％引きして、さらにレジで20％引き
❸ 定価10 000円から10％引きして、さらにレジで30％引き

　季節の大型セールが終わりに近づくと、「レジでさらに割引します！」といったPOPや値札を目にすることが多くなります。割引価格からさらに割引されるのですから、よりお買い得感が高くなりますね。では、どんな割引が最もお得になるのでしょうか？　言い方を変えると、一番安くなるのはどの割引方法でしょう？

　実は、割引計算を行う際に重要なのは、最初の価格（この場合は定価）ではなく割引率です。ここでは最初の価格を10 000円としていますが、それが20 000円でも、5 000円でも割引率が変わらないことに注意しましょう。

割引計算の基本

　❶のケースについて、まずは定価10 000円の30％引き部分の金額を求めます。

計算する際は、百分率（％）を小数に直して行いましょう。30 % = 0.3 より、

❶の最初の割引分 = 10 000 円 × 0.3 = 3 000 円……①

次に、もとの 10 000 円から割引分を引くことで、定価 10 000 円の 30 %引きの価格が求まります。

❶の割引後の価格 = 10 000 円 − 3 000 円 = 7 000 円……②

ここで、式①と式②を見比べてください。どちらの式にも「10 000 円」が入っているので、実は少し無駄な計算をしていることになります。「30 %引き」は「70 %を支払う」ことと同じなので、「10 000 円の 70 %はいくらか」という計算をすれば、割引後の価格がすぐに計算できるのです。

割引（わりびき）の計算で支払額を求めるには、「割引される額を求めて、もとの額から引く」のが原則ですが、実際は、「支払う分の割合を求めて、その数字から支払う金額を計算する」ほうが簡単かつ速く計算できることが多いです。EC サイトでは事情が異なりますが、リアル店舗の場合、割引率は「10 %、15 %、20 %、30 %、……」と切りのいい数字であることが多いからです。

たとえば、10 %引きであれば、支払う分は 90 %なので、定価の 90 %を計算（定価 × 0.9）すれば実際の支払額がわかります。この程度でしたら、数字が苦手な方でも直感で「支払う分」がわかるのではないでしょうか。

2 回割引されるときの計算

では、2 回割り引く（割引されたものからさらに割り引く）ときの計算はどうすればいいのでしょう？ 結論からいうと、定価に「最初の割引で支払う分 × 2 回目の割引で支払う分」を掛ければ計算できます。「割引」という

と、どこかで引き算をしなくてはいけないような気がしますが、掛け算だけで最終的な支払額を計算できるのです。

解答 ❶と❸は6 300円、❷は6 400円

❶定価10 000円から30％引きして、さらにレジで10％引き
→ 支払うのは定価の 70％（＝ **0.7**） の金額の、
さらにその 90％（＝ **0.9**） の金額

❶の支払額＝10 000円× **0.7** × **0.9** ＝ 6 300 円

❷定価10 000円から20％引きして、さらにレジで20％引き
→ 支払うのは定価の 80％（＝ **0.8**） の金額の、
さらにその 80％（＝ **0.8**） の金額

❷の支払額＝10 000円× **0.8** × **0.8** ＝ 6 400 円

❸定価10 000円から10％引きして、さらにレジで30％引き
→ 支払うのは定価の 90％（＝ **0.9**） の金額の、
さらにその 70％（＝ **0.7**） の金額

❸の支払額＝10 000円× **0.9** × **0.7** ＝ 6 300 円

　❶～❸の計算結果を見ると、支払金額が安いのは、❶と❸の6 300円です。❶と❸では割り引く順番が30％→10％、10％→30％と異なっていますが、支払金額の式に注目すると、「10 000円 × 0.7 × 0.9」か「10 000円 × 0.9 × 0.7」と、掛ける順番が違うだけで、計算結果は同じになります。
　ここで、次の問題も解いてみてください。先ほどと同様に割引についての問題ですが、勘違いをしやすい内容になっています。

問題 どちらのお店のほうがお得？

別のフロアに行くと、隣同士の雑貨屋さんでこんなセールをしていました。どちらがお得なのでしょう？

④ 10 000 円から 25 % 引き
⑤ 10 000 円から 20 % 引きして、さらにレジで 5 % 引き

「④は 25 %、⑤も 20 % ＋ 5 % ＝ 25 % の割引だから、同じなのでは？」と考えていませんか？ 実際に計算してみましょう。

解答 ④のほうがお得！

④ 10 000 円から 25 %割引 ⇒ 支払うのは 75 %（＝ 0.75）

支払額 ＝ 10 000 × 0.75 ＝ 7 500 円

⑤ 10 000 円から 20 %割引して、さらにレジで 5 %引き
→ 支払うのは定価の 80 %（＝ 0.8）の金額の、さらにその 95 %（＝ 0.95）の金額

支払額 ＝ 10 000 × 0.8 × 0.95 ＝ 7 600 円

④のほうが、支払額が安くなる、つまり割引額が大きいことがわかりました。「さらに割引」は、足し算ではなく、掛け算で考えなくてはいけません。

土地の面積を測ろう

特殊な四角形の面積の求め方

問題 形の崩れた四角形の面積、どうやって測る？

学校で図形の面積について習った息子くんは、不動産屋さんの店頭に出ていた下図のような土地の広告を見て、この土地の面積の求め方が気になっています。正方形でも平行四辺形でも台形でもないこの四角形の土地の面積は、どうやって測ることができるでしょう？

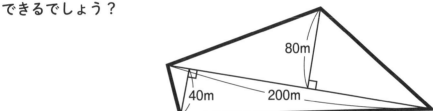

　土地を売買するときには、測量士の方たちがその土地を測地しています。正方形や長方形などの形をした土地であれば公式を使ってすぐに面積を計算できますが、そうでない場合が多いものです。ここでは、特殊な四角形の面積の測り方について考えてみましょう。

三角形をつくって、面積を求めよう

　右図のように四角形に対角線を1本引くと、2つの三角形に分けることができます。これを用いて、土地の面積を求めてみましょう。

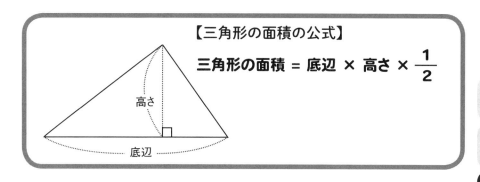

解答 四角形を分割して、三角形にして面積を求めよう

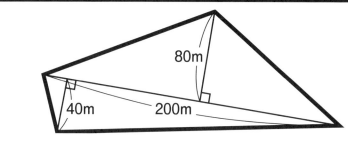

上側の三角形の面積 = 200 m × 80 m × $\frac{1}{2}$ = 8 000 m²

下側の三角形の面積 = 200 m × 40 m × $\frac{1}{2}$ = 4 000 m²

求める土地の面積　 = 8 000 m² + 4 000 m² = 12 000 m²

　測地について補足すると、このように三角形を組み合わせて求める方法のほかに、座標を用いて計算する方法などもあります。地球の中心を原点として各点を3次元座標上に表し、平面の大きさだけではなく、表面の凹凸まで計算できるシステムです。さらに、宇宙技術が発達したことにより、レーザー光の反射を用いて数センチ単位まで細かく測る方法などもあります。

第3章 05 比例

1000円のお小遣いを上手にやりくりしよう

はかり売りの飴を買おう

問題 お小遣い1000円でどれくらい買える？

息子くんと娘ちゃんはお菓子売り場で飴の量り売りを見つけました。飴の重さによって金額が決まる仕組みです。試しにはかりに乗せてみると、300gで250円でした。今日は2人合わせて1000円まで買えるとすると、この飴は何gまで買えるでしょう？

お小遣いのやりくりは、計算問題の身近な鉄板ネタです。試しに量った分から、どれくらいまで買えるかを予想してみましょう。ポイントは、飴の重さと値段が比例の関係にある、というところです。

比例の関係を使って、答えを求めよう

比例（ひれい）とは2つの数値において、一方が2倍、3倍……となったときに、もう一方も2倍、3倍……となる関係をいいます。

比例の一般式は $y = ax$（a：比例定数）で、グラフにすると次の図のようになります。

この問題は、金額と飴の重さが比例の関係にあるので、x、y に当てはまるものを考えてみましょう。求めるものを y と置いたほうが考えやすいので、x を金額（円）、y を重さ（g）とします。

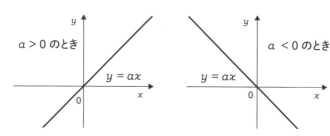

解答 飴は 1 000 円で 1 200 g まで買える！

300 g で 250 円なので、$x = 250$、$y = 300$

これを比例の一般式 $y = ax$ に代入して、

$300 = a \times 250$ より、$a = \dfrac{300}{250} = \dfrac{6}{5}$

よって、$y = \dfrac{6}{5} x$ ……①

ここでは、$x = 1\,000$（円）のときの重さ y（g）を求めるので、
式①に $x = 1\,000$ を代入すると、

$y = \dfrac{6}{5} \times 1\,000 =$ **1 200 g**

1 000 円で買えるのは 1 200 g まで！

ところで、この問題は比例の式を使わなくても答えを出すことが可能です。条件を並べて書いてみましょう。

縦の関係に注目しましょう。250 円を 4 倍すると、ちょうど 1 000 円になります。よって、□ は 300 g × 4 = 1200 g と簡単にわかります。

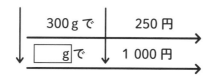

第3章 06 立体図形

四角くて丸い加湿器が欲しい！

条件に合うのはどんな形？

問題 四角くて丸い形を探せ！

家族みんなで家電量販店に加湿器を買いに来ました。お父さんもお母さんも色や形にこだわりがあり、色については意見が一致しましたが、形については意見が分かれています。お父さんの希望は「四角い形」、お母さんの希望は「丸い形」です。すると、息子くんと娘ちゃんが「四角くて丸いの、あるよ！」と、ある加湿器を指しています。さて、どんな形の加湿器でしょう？

四角くて丸い形をした加湿器なんて、存在するのでしょうか？

これは、立体図形の問題として考えましょう。「どの方向から見るのかによって、立体図形はまったく違う形に見えるものがある」というのが、この問題を解くポイントです。

立体図形（りったいずけい）とは、縦、横、奥行がある図形のことです。代表的な立体図形をいろいろな方向から見て、息子くんと娘ちゃんが見つけた加湿器を一緒に探していきましょう。「四角い形」は「四角形」を、「丸い形」は「円」を探すと答えが見つかりそうです。

代表的な立体図形のおさらい

表に代表的な立体図形の名前と、その図形を斜め上から見た見取り図（みとりず）、真上から見た平面図（へいめんず）、真横から見た立面図（りつめんず）を示します。

立体の名前	見取り図	平面図	立面図
三角柱（さんかくちゅう）	三角柱の見取り図	三角形	長方形
四角柱（しかくちゅう）	四角柱の見取り図	正方形	長方形
円柱（えんちゅう）	円柱の見取り図	円	長方形
三角すい（さんかくすい）	三角すいの見取り図	三角形	三角形
四角すい（しかくすい）	四角すいの見取り図	正方形	三角形
円すい（えんすい）	円すいの見取り図	円	三角形
球（きゅう）	球の見取り図	円	円

お買い物編

見取り図は実際の見た目と同じ様子のものですが、真上、真横から見ることによって、まったく違う図形に見えるのが立体図形の特徴です。どの頂点とどの線が見えるのかを、イメージしてください。

解答 円柱なら四角くて丸い！

- 立体図形の見取り図、平面図、立面図を示した表から、四角形（長方形）と円の組み合わせで見えるものを探す

  ↓

- 円柱は平面図が円、立面図が四角形（長方形）！

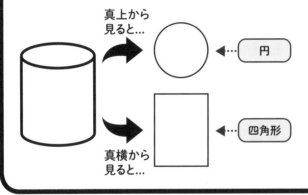

確かに円柱の形をした加湿器なら、「四角くて丸い」形をしているといえます。ですが、お父さんとお母さんが欲しい形と本当に一致しているといえるかどうかは、あくまで好みによるのかもしれませんね。

丸くて三角形の形をした加湿器だったら

加湿器をもう1つ買うことになりました。今度は息子くんと娘ちゃんの希望により、「丸くて三角形の形」をした加湿器を探さなくてはなりません。

先ほどと同様に、代表的な立体図形の表から「丸くて三角形の形」をしたものを探してみましょう。

見る方向によって、「円」にも「三角形」にも見える立体図形は「円すい」です。確かに、真上から見た平面図では円、真横から見た立面図では三角形になっています。

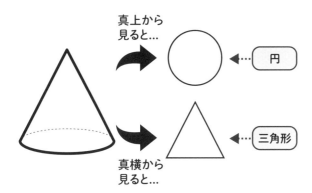

なお、円柱、三角柱、四角柱については真横から見ると必ず四角形に見え、円すい、三角すい、四角すいは真横から見ると必ず三角形に見えるのが、立体図形の面白いところです。

07 オンスって何グラム?

身近な単位に換算しよう

問題 何グラムなのか計算してみよう

家族みんなで輸入食材・雑貨のお店に寄りました。息子くんが品物を手に取ってびっくりしています。謎の単位が書いてあるからです。

- チョコレート　　　NET WT 6 oz
- ハワイコーヒー　　NET WT 7 oz
- ジャム　　　　　　NET WT 8 oz

「oz (ounce：オンス)」は重さの単位のようですが、それぞれ何グラムを表しているのでしょうか?

輸入された食材や雑貨には、日本では馴染みのない単位が内容表示に使われていることがあります。米国では、重さの単位に「oz」(ounce：オンス)や「lb」(pound：ポンド)が使われます。

この重さの単位を日本で使う「g」(グラム)、「kg」(キログラム)に直すと、どのくらいの量になるのでしょうか?

単位換算とは

単位換算とは、ある単位を別の単位に直すことです。単位を変えるには「1あたり」の量を覚えておきましょう。

重さと長さの単位を例に紹介します。海外でよく使われている単位と日本で使われている単位の関係は、次の表のようになります。

重さ	1 oz（オンス）	約 28.3 g
	1 lb（ポンド）	約 0.45 kg
長さ	1 in（インチ）	2.54 cm
	1 ft（フィート）	0.3048 m
	1 mi（マイル）	約 1 609 m

表より、ここでは1 oz = 28.3 gとして、それぞれの重さを計算してみましょう。g単位の重さを求めるには、28.3 に oz（オンス）の値を掛けていきます。

解答 1 oz = 28.3 g として計算しよう

- チョコレート　　6 oz = 28.3×6 = 169.8 g
- ハワイコーヒー　7 oz = 28.3×7 = 198.1 g
- ジャム　　　　　8 oz = 28.3×8 = 226.4 g

7 oz ＝約 200 g と覚えておいてもよいでしょう。

なお、「NET WT」は「正味重量」を表します。正味重量とは、包装紙や箱の重さを含まない、製品そのものの重さのことをいいます。

第3章 08

福袋争奪戦！

当たりやすいほうを選びたい！

問題 3つのうち当たりは1つ！ あなたならどうする？

今日の買い物のメインイベントは、好きなジュエリーブランドの福袋を買うことです。福袋はA、B、Cの3つのみで、A、B、Cのどれかに当たりのダイヤモンドのネックレスが入っています。
お母さんはAを選びましたが、まだ迷っています。Cを選んで先に買った人がその場で福袋を開けると、ダイヤモンドのネックレスは入っていませんでした。このとき、あなたならAをやめてBの福袋に変更しますか？ 変更しませんか？

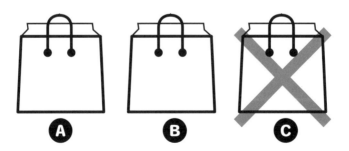

3つの福袋のうち、お母さんが買う前に1つは外れだと判明しました。残っているのは、お母さんが選んでとりあえず手にしているものと店頭に置かれたままのものの2つで、どちらかに必ず本命のダイヤモンドのネックレスが入っていることになります。

このとき、あなただったら、選んだ A の福袋を B に変更しますか？ それとも、変更せずにそのまま A をレジに持って行って買いますか？

これは、有名な「モンティ・ホール問題」というものです。

確率の基本的な考え方

こうした問題は、一般的に確率で考えます。誰でも、当たる確率が高いほうを選びたいものです。**確率**（かくりつ）は、次の式で求めます。

【確率を求める式】

$$確率 = \frac{その事柄の場合の数}{起こりうるすべての場合の数}$$

たとえば、サイコロを 1 回振って出る目の起こりうるすべての場合の数は、1、2、3、4、5、6 の 6 通りです。

さて、問題について詳しく考えていきましょう。残る 2 つの福袋のうち、どちらかが当たりです。この場合の当たる確率は、わざわざ確率の公式を使わずとも、福袋を変更しても変更しなくても 1/2 で同じだと考える方が多いのではないでしょうか。

この考え方を確率の公式で示すと、「C が外れだとわかったので、A にダイヤモンドのネックレスが入っている確率は、2 つ（起こりうるすべての場合の数）から 1 つ（＝その事柄の場合の数）を選ぶのだから」、

$$\frac{その事柄の場合の数}{起こりうるすべての場合の数} = \frac{1}{2}$$

と計算するかもしれません。先ほどと値は同じなので、「やはり変更しても変更しなくても、当たる確率は同じじゃないか」ということになります。で

は、本当に当たる確率は同じなのでしょうか？

モンティ・ホール問題

ここで、次の図を見てください。この問題のポイントは、実は「最初に選んだAの状態がどうだったのか」という点にあります。

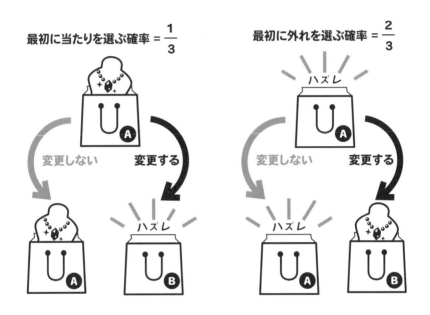

この図は、「最初にダイヤモンドが入っている福袋を選んでいたか、選んでいなかったのか」で場合分けしたものです。最初に福袋は3つあり、当たりは1つ、外れは2つです。よって、次のことを忘れてはいけません。

最初に当たりを選ぶ確率 = $\dfrac{1}{3}$

最初に外れを選ぶ確率 = $\dfrac{2}{3}$

「変更しない」場合

問題を解くために、福袋を「変更しない」とした場合を考えましょう。

最初に選んだAの福袋にダイヤモンドのネックレスが入っている場合、「変更しない」のですから、最終的に当たりの福袋を引くことになります。

一方、最初に選んだAの福袋にダイヤモンドのネックレスが入っていない場合、「変更しない」のですから、そのまま外れの福袋を引くこととなります。

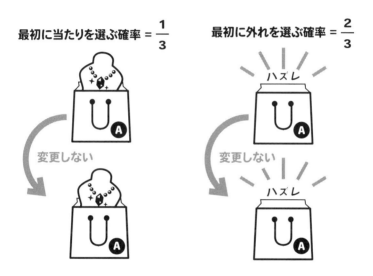

つまり最初に選んだ福袋を「変更しない」場合、当たりを引くのは「最初に当たりを選んだとき」だけです。最初に当たりを選ぶ確率 **1/3**（福袋3つから当たり1つを選ぶ確率）と等しくなります。

「変更する」場合

次に、福袋を「変更する」とした場合を考えてみましょう。

最初に選んだAの福袋にダイヤモンドのネックレスが入っている場合、つまり最初に当たりの福袋を選んでいたのならば、「変更する」のですから、最終的に外れの福袋を引くことになります。

一方、最初に選んだ A の福袋にダイヤモンドのネックレスが入っていない場合、「変更する」のですから、最終的に当たりの福袋を引くこととなります。

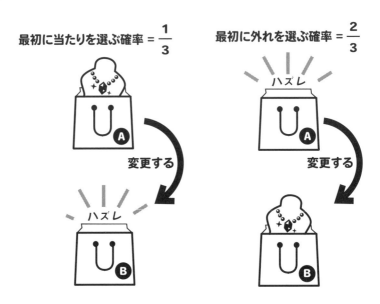

つまり最初に選んだ福袋を「変更する」場合、最終的に当たりを引くのは「最初に外れを選んだとき」だけです。最初に外れを選ぶ確率 2/3（福袋3つから外れ2つを選ぶ確率）と等しくなります。

解答 変更したほうが、当たる確率が上がる！

> A、B、Cの3つの福袋に当たりは1つ、Aを選んでおいてCは外れだとわかったとき、Bに変更したほうがいいかどうか。
> - 「変更しない」場合、当たりの福袋を引く確率 = $\dfrac{1}{3}$
> - 「変更する」場合、当たりの福袋を引く確率 = $\dfrac{2}{3}$
>
> Bの福袋に変えたほうがいいよ！

福袋の数が増えても変更すべきかどうかの結論は同じで、「変更したほうがいい」ということになります。3個ではなく、100個の場合を考えてみましょう。

　最初に100個の福袋から1個を選びます。残り99個のうち98個が外れだとわかったときに、あなたは最後に残った福袋に変更しますか？ これも変更したほうが、当たる確率が高くなります。先ほどと同様に考えると、変更しない場合、当たりを引く確率は1/100、変更した場合、当たりを引く確率は99/100です。自分が最初に選んだ1個と98個外れだとわかって残った1個。感覚的にも、より当たりそうなのは残った1個のほうだと感じるのは私だけでしょうか……。

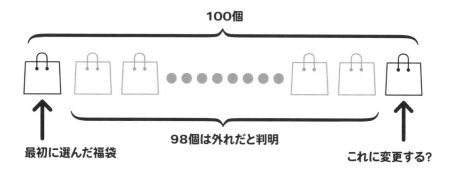

09 バーゲンセール品を賢く買いたい！

第3章 / 不等式

予算内で最大限に満足するには

問題 セール品、予算内で一番お得な買い方は？

好きなファストファッションブランドでTシャツのバーゲンセールがあることを知りました。このお店のTシャツの価格は2 500円と1 300円の2つだけですが、色とサイズは豊富です。

SNSでチェックしたところ、バーゲンセールでは、2 500円のものが500円引きの2 000円で、1 300円のものが300円引きの1 000円で売られるそうです。

便利に着回しできるTシャツは、何枚あっても困りません。とはいえ財布の中身と保管スペースのことを考えて、予算と枚数の上限を決めて買おうと思います。このとき、どういう買い方が一番お得で満足度が高くなるでしょう？

- 予算は10 000円まで
- 保管スペースの問題で、買うのは8枚まで

できるだけ単純に考えるために、ここでは、同一価格のものについてはどれを買ってもお得感・満足度は同じとし、割引額が多いほどお得感・満足度が高くなるとします。

　この問題はちょっと難しいです。条件についての不等式をつくり、不等式の領域問題として考えて、その領域の中でお得感（割引額）を最大にする組合せを考えると、答えが出てきます。

　ここでは先に答えをお見せしましょう。500円引きで2 000円（元値は2 500円）となるTシャツの枚数を x、300円引きで1 000円（元値が1 300円）となるTシャツの枚数を y としています。

　下のグラフのような3本の直線と不等式の領域から、2 000円のTシャツを2枚、1 000円のTシャツを6枚買ったとき、最大の満足度が得られます。そのときの合計割引額は2 800円です。図中の④⑤⑥の直線については、後ほど説明します。

解答 直線を書いて、不等式の領域で考えよう

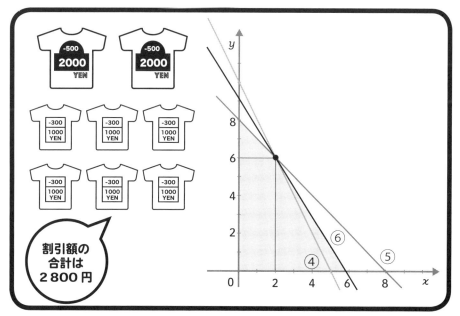

不等式の表す領域

直線 $y = ax + b$ を書いたとき、**不等式の表す領域**は次のようになります。a が正の数か負の数かに注意しましょう。

● a が正の数の場合

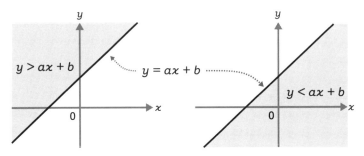

● a が負の数の場合

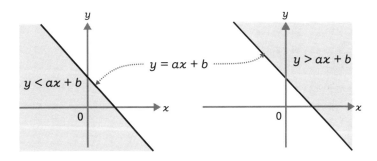

不等式の領域問題では、まず直線を書き、不等号の向きからその不等式が示す領域が直線の上側なのか下側なのかを判断します。左辺の **y** と右辺の **ax + b** で、次のように覚えるといいでしょう。

- y のほうが大きいとき：$y \geqq ax + b$ なら直線（を含む）の上側
- y のほうが小さいとき：$y \leqq ax + b$ なら直線（を含む）の下側

条件についての不等式を立てよう

では、「問題」の内容を式（ここでは不等式）にしていきます。まずは「予算は 10 000 円まで」「買うのは 8 枚まで」という 2 つの条件を不等式で表しましょう。

値引き後の 2 000 円の T シャツを x 枚、1 000 円の T シャツを y 枚買うとすると、予算が 10 000 円以内なので、次の式が成り立ちます。

$$2\,000\,x + 1\,000\,y \leq 10\,000 \quad \cdots\cdots ①$$

次に、「買うのは 8 枚まで」を式で表すと、次のようになります。

$$x + y \leq 8 \quad \cdots\cdots ②$$

ここで忘れてはいけないのが、T シャツの枚数である x と y は、0 以上の整数である、ということです。

満足度の式を立てよう

今度は割引額の合計について考えます。T シャツ 1 枚当たりの割引額は、

- x：2 500 円 → 2 000 円：1 枚当たりの割引額は 500 円
- y：1 300 円 → 1 000 円：1 枚当たりの割引額は 300 円

これより、合計割引額を z 円とすると、z は次の式で表すことができます。

$$z = 500\,x + 300\,y \quad \cdots\cdots ③$$

この z が最大となるときの x と y の組合せが、この問題の答えとなります。

問題の不等式が表す領域を考えよう

式①、②を連立不等式として解いていきます。

$$\begin{cases} 2\,000x + 1\,000y \leqq 10\,000 & \cdots\cdots① \\ x + y \leqq 8 & \cdots\cdots② \end{cases}$$

これらの不等式が表す領域を考えます。式①の両辺を1000で割って、

$2x + y \leqq 10$ より、

$y \leqq -2x + 10$ ……④

式②を y について整理して、

$y \leqq -x + 8$ ……⑤

式④、⑤の不等式が示す領域は、次の図の網掛けした部分です。x と y は、0以上の整数であることも忘れないでください。

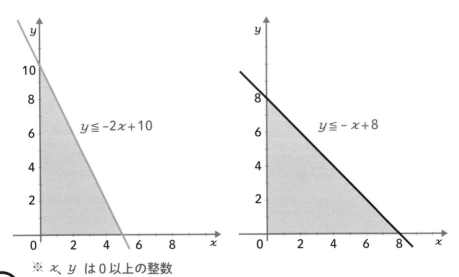

※ x、y は0以上の整数

この 2 図の両方を満たす領域は、次の図の網掛け部分です。

次に、最大化したい式③を y について整理して、

$$y = -\frac{5}{3}x + \frac{z}{300} \quad \cdots\cdots ⑥$$

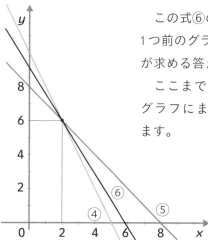

この式⑥の中にある z が最大となる点 (x、y) を、1 つ前のグラフの網掛け領域の中から探せば、それが求める答えとなります。

ここまでに整理してきた式④、⑤、⑥を 1 つのグラフにまとめて書くと、左の図のようになります。

$$y = -2x + 10 \quad \cdots\cdots ④$$

$$y = -x + 8 \quad \cdots\cdots ⑤$$

$$y = -\frac{5}{3}x + \frac{z}{300} \quad \cdots\cdots ⑥$$

求める点は式④、⑤の交点となります。どうしてそうなるのかは、後で簡単に説明します。
　式④、⑤の交点は、次の連立方程式を解けば求まります。

$$\begin{cases} y = -2x + 10 & \cdots\cdots ④ \\ y = -x + 8 & \cdots\cdots ⑤ \end{cases}$$

式④、⑤ともに $y=$ から始まっているので、

$$-2x + 10 = -x + 8$$
$$-2x + x = 8 - 10$$
$$-x = -2$$
$$x = 2$$

$x=2$ を式④に代入して y を求めると、

$$y = -2 \times 2 + 10 = -4 + 10 = 6$$

よって、$x=2$、$y=6$ です。このときに割引額は最大となるので、これを③式に代入すると、

$$z = 500x + 300y = 500 \times 2 + 300 \times 6 = 2800 \quad \underline{\mathbf{2\,800\,円}}$$

であることがわかります。予算、買う枚数の上限から割引額を最大にするには、2 000 円のTシャツを2枚、1 000 円のTシャツを6枚買えばよく、このときの割引額の合計は2 800 円です。

領域と最大値について

式④、⑤の両方を満たす領域は下の図の網掛け部分でした。その領域内で

$$y = -\frac{5}{3}x + \frac{z}{300} \quad \cdots\cdots ⑥$$

で示された式⑥の直線のグラフを動かします。式⑥は傾きが $-\frac{5}{3}$ で一定、切片が $\frac{z}{300}$ の直線のグラフですが、z がとる値によってこの直線は上下に移動することになります。

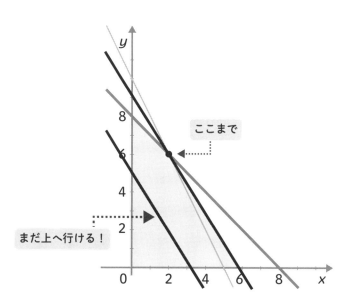

上図の網掛けした領域と式⑥の直線が交差しつつ、z の値が最大になる（＝切片が最大になる）のは、式⑥が式④、⑤との交点を通るときであることがわかります。

第3章 10 安全なクレジットカード生活を送りたい

破られにくいパスワードのつくり方

問題 全部で何通りのパスワードができるの？

何かと便利そうなので、このショッピングセンターのクレジットカードをつくることにしました。しかし、どんなパスワードにするか、悩んでいます。

- 0123456789 の 10 個の数字
- abcd……xyz の 26 個のアルファベット

の合わせて 36 文字を使い、8 桁のパスワードをつくって登録しないといけません。大文字と小文字を区別しないとき、全部で何通りのパスワードができるのでしょうか？

パスワードを登録したり入力したりすることは、特にインターネット上では日常的に行われるようになりました。どんなパスワードにするか、皆さんも一度は悩んだことがあることでしょう。

悪用されないよう、できるだけ強固なパスワードにしたいものですが、数字とアルファベットを組み合わせる場合、そもそも何通りのパスワードができるのでしょうか？

重複順列とは

この問題は、**重複順列**（ちょうふくじゅんれつ）の問題です。重複順列とは、同じものを繰り返して使って並べてもいいという決まりでできた順列のことです。順列の詳細については、巻末付録の「09　場合の数、順列、組合せ」を参照してください。

> 【重複順列】
> 異なる n 個のものから重複を許して r 個並べたときにできる順列の総数
>
> $$n^r$$
> $$=$$
> $$\underbrace{n \times n \times \cdots\cdots \times n \times n}_{n \text{ が } r \text{ 個}}$$

例として、1、2、3、4 の 4 つの数字からできる 3 桁の数字の総数を調べてみます。ここでは、それぞれの桁で同じ数を使ってもよいこととします。

次の図で考えると、1 番目の□に入る数は 4 通り、2 番目の□に入る数も 4 通り、3 番目に入る□も 4 通りあることになります。

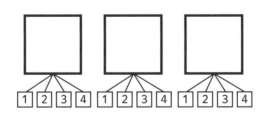

これを n^r の重複順列の公式に当てはめて考えます。$n = 4$、$r = 3$ なので、次の式から 64 通りの 3 桁の数字ができることがわかります。

$n^r = 4^3 = 4 × 4 × 4 = 64$

同様に、問題の 8 桁のパスワードについて考えてみましょう。

解答 2 821 109 907 456 通りのパスワードができる！

---

1 番目の□に入る数字・アルファベットの数：36 個
2 番目の□に入る数字・アルファベットの数：36 個
〜
8 番目の□に入る数字・アルファベットの数：36 個

□は全部で 8 個並んでいるので、重複順列の公式に

$n = 36$、$r = 8$ を代入して、

$n^r = 36^8 =$ **2 821 109 907 456**

約 2 兆 8 200 億通り！

約 2 兆 8 200 億通りのパスワードができることがわかりました。今回はアルファベットの大文字と小文字を区別しないこととしましたが、区別するのであれば数はもっと増え、約 218 兆通りのパスワードをつくれることになります。

破られやすいパスワード、破られにくいパスワード

さて、パスワードには破られやすいものと破られにくいものがあるといわれています。パスワードを設定する際のヒントを書いておきますので、参考にしてください。

- 連続した数字・アルファベットは使わない：
  123、abc など
- 同じ数字・アルファベットを連続して使わない：
  999、aaa など
- キーボードの隣り合ったアルファベットを並べない：
  asdf など
- 名前、誕生日、電話番号など推測しやすいものは使わない
- 誰でも知っている単語や略語は使わない：sos など
- 数字とアルファベットを組み合わせる
- （制限内で）できるだけ長いパスワードにする
- パスワードは書きとめない、メールで送らない

　この内容を参考にしながらできるパスワードがどんなものなのかは、パスワード生成サイトなどを利用して調べてみてください。

　ここで紹介した方法のほかにも、簡単な文章をつくってパスワードにする方法もあります。たとえばローマ字で文章をつくり、適当なところで区切って、その頭文字を並べる、という方法があります。

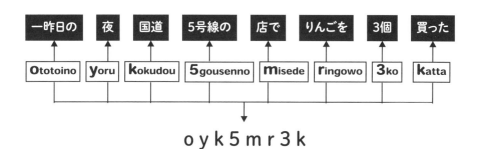

当せん確率の数字の根拠は？

数字の選び方は何通り？

問題 ロト6とロト7の1等の数字の組合せは何通り？

宝くじ売り場に来ました。ロト6の1等（申込数字が本数字6個とすべて一致）の当せん確率は1/6,096,454、ロト7の1等（申込数字が本数字7個とすべて一致）の当せん確率は1/10,295,472とあります。

分母の数字は選ぶ数の組合せが何通りあるかを示しています。6,096,454、10,295,472という数字はどうやって計算されたのでしょう？

宝くじを買う人と買わない人が世の中にはいますが、買わない人でも一度は気にしたことがあるのが、「どれくらいの確率で当たるのか？」ということではないでしょうか。確率が大きいと当たりやすいわけですが、そうなると当せん金額は小さくなります。中には、そんな数字などは気にせずに、「夢を買うんだ！」と勢いで買っている人もいるかもしれませんね。

数字を扱うロト6、ロト7のような宝くじでは、組合せを使って当せん確率を計算することができます。これを知ったところで当たる確率が大きくなるわけではありませんが、知識として知っておいて損はないでしょう。

組合せとは

組合せ（くみあわせ）とは、異なる n 個から r 個を選ぶことをいい、その数を $_nC_r$ で表します。C は組合せを表す Combination の頭文字です。

【組合せ】
$$_nC_r = \frac{_nP_r}{r!} = \frac{n!}{r!(n-r)!}$$

この式にある $_nP_r$ は順列、$r!$ は r の階乗です。組合せの計算には、この2つを使用します。組合せと順列の基礎については、巻末付録の「09　場合の数、順列、組合せ」をご覧いただくことにして、ロト6とロト7の当せん確率について調べる前に、簡単な計算問題を解いてみましょう。

❶異なる5個のものの中から2個を選ぶ組合せは？

$$_5C_2 = \frac{_5P_2}{2!} = \frac{5 \times 4}{2 \times 1} = 10$$

　10通り

❷異なる10個のものの中から4個を選ぶ組合せは？

$$_{10}C_4 = \frac{_{10}P_4}{4!} = \frac{10 \times 9 \times 8 \times 7}{4 \times 3 \times 2 \times 1} = 210$$

　210通り

では、この組合せの計算結果を確認してみましょう。❶について、「1、2、3、4、5の数字が書かれた5枚のカードの中から2枚を選ぶ組合せは？」という問題を考えます。

すべて書き出すと、次の図のようになります。

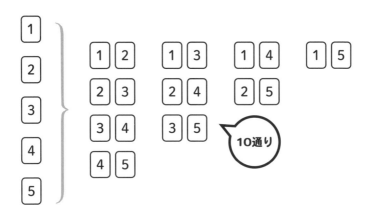

　公式を使って計算した❶と同じ、10 通りの組合せがあることがわかりました。このように、数が少ないときは公式を使わずに、すべて書き出して数えてみるのもいいでしょう。

　しかし、ロト 6 は 1 〜 43 の 43 個の数字の中から異なる 6 個の数字を選ぶもの、ロト 7 は 1 〜 37 の 37 個の数字の中から異なる 7 個の数字を選ぶものなので、すべての組合せを書き出してなどいられないですね。ここは、素直に公式を使って計算してみましょう。

解答 ロト 6 は 43 個から 6 個選ぶ組合せの数

● 1 〜 43 の 43 個の数字の中から異なる 6 個の数字を選ぶ

$$_{43}C_6 = \frac{_{43}P_6}{6!} = \frac{43 \times 42 \times 41 \times 40 \times 39 \times 38}{6 \times 5 \times 4 \times 3 \times 2 \times 1} = 6{,}096{,}454$$

約600万通り！

解答 ロト7は37個から7個選ぶ組合せの数

●1～37の37個の数字の中から異なる7個の数字を選ぶ

$$_{37}C_7 = \frac{_{37}P_7}{7!} = \frac{37 \times 36 \times 35 \times 34 \times 33 \times 32 \times 31}{7 \times 6 \times 5 \times 4 \times 3 \times 2 \times 1} = 10{,}295{,}472$$

約1 000万通り！

約600万通りに、約1 000万通り……ロト6もロト7も、当たるのはかなり難しそうです。

ところでロト6が1～43までの数なのに対して、ロト7は1～37までの数と、どうして選べる数字の数がロト7のほうが少なくなっているのか、皆さんは気になりませんか？

もしもロト7がロト6と同様に「1～43までの数字の中」から7個選べるとしたら、数字の組合せは

約3 200万通り！

$$_{43}C_7 = \frac{_{43}P_7}{7!} = \frac{43 \times 42 \times 41 \times 40 \times 39 \times 38 \times 37}{7 \times 6 \times 5 \times 4 \times 3 \times 2 \times 1} = 32{,}224{,}114$$

となって、さらに当せん確率が小さくなってしまいます。これではさすがに当たらないと判断して、今の方式にしたのかもしれないですね。

12 誰か教えて！ロト6の数字の選び方

宝くじを買ってみよう

問題 手掛かりになる数字の選び方は？

ロト6やロト7は、「数字選択式宝くじ」といわれるもので、文字通り、数字を選んで購入するものです。
今日はロト6を買ってみようと思います。
当たれ！とお祈りしながら選ぶほかに、何かいい数字の選び方はないでしょうか？
何も手掛かりになるものがないのは困るので、ここでは乱数を使って選ぶことを考えてみます。

ロト6は1〜43の43個の数字の中から異なる6個の数字を選んで買う、「数字選択式宝くじ」です。価格は1口200円で、当せん条件によって1等から6等まであります。

1等の当せん条件は、ロト6のホームページによれば「申込数字が本数字に6個すべて一致」とありますが、簡単にいうと、「6個の数字がすべて一致する」ということです。

あなたなら、どうやって1〜43の43個の数字の中から数字を選びますか？ 誕生日や電話番号をもとに選ぶ方も多いようですが、誕生日だと31までの数字しか使えませんし、電話番号だと「44」以上の数字は選ぶことができません。

ここでは、乱数という特殊な数字の並びを使うことにしてみましょう。

乱数とは

乱数（らんすう）は、ある一定の範囲にある数字が無秩序に、規則性なく並んでいる数列です。通常は、0〜9までの数字が並んでいるものを指しますが、0と1だけを使った2進乱数などもあります。

この乱数を並べたものが**乱数表**（らんすうひょう）です。インターネットで「乱数　作成」「乱数　生成」を検索すると、自動で作成してくれるページがあります。ここではそうしたページを活用させてもらうことにします。

次の表は2桁の数字の乱数表の例です。

＜乱数の例＞

38 46 50 98 07 39 22 16 94 97 72 81 19 63 02 83 20 14 45 74

32 06 93 23 86 84 42 52 69 71 48 13 79 09 18 80 03 34 82 37

96 05 61 26 53 15 90 08 99 66 33 64 92 47 88 31 10 95 58 91

12 65 76 78 10 40 25 11 55 54 70 36 68 44 75 00 57 04 41 89

56 62 35 21 60 67 49 27 73 30 87 51 43 28 24 01 77 59 17 29

注）「計算サイト」の「乱数生成」ページ（http://www.calc-site.com/randoms/integral）より出力されたものを掲載しています。ただし、1桁の数については、見やすいように「3→03」のように変換して表示しています。

乱数表を使った数字の選び方の例

　では、この乱数表をどのように使ったらいいでしょう？ 以下に著者ならこうして選ぶ、という方法を書いてみます。
　まず、先ほどの乱数表の1段目を抜き出してみます。

38 46 50 98 07 39 22 16 94 97 72 81 19 63 02 83 20 14 45 74

　ロト6で使えるのは1〜43までの数字です。なので、ここから1〜43の範囲にある数字を左から順に6個抜き出すと、

38 07 39 22 16 19

となり、この数字を選んで買ってみてはどうでしょう？
　1段目でなく2段目を抜き出した場合は、

32 06 93 23 86 84 42 52 69 71 48 13 79 09 18 80 03 34 82 37

なので、ここから1〜43の範囲にある数字を左から順に6個抜き出すと、

32 06 23 42 13 09

となります。
　ここでは、順番に、つまり左から数字を選んでいきましたが、それとは逆に、右から順番に選ぶことも考えられます。その場合は、1段目なら「14 20 02 19 16 22」、2段目なら「37 34 03 18 09 13」となります。

数字の選び方で当せん確率は上がるの？

　選ぶ数字に迷ったときは、乱数表を使ってランダムな数字の中から選んでみよう、という提案をしてみました。

　ロト6やロト7、ナンバーズなど、数字を選んで買う宝くじは、どの数字も出る確率はほぼ同じです。毎回同じ数字を買い続けたとしても、抽せんのたびに当せん数字が決まるので、当たる確率は変わりません。

　昨日買ったのと同じ数字を今日も買ったとして、今日のほうが当たる確率が大きいのかと聞かれたら、その答えは「ノー」です。勘だけで適当に選んだ数字でも、1、2、3、4、5、6という連続した並びの数字でも、当たる確率は同じです。

　これを理解していたとしても、人間にとって「適当」に選ぶというのは意外と難しいものです。普段は何かしらの規則の中で生活しているため、規則性のない数字を選ぶというのが難しいのかもしれません。

　そのため、ここはあえて規則性のない「乱数」に頼ってみるのも1つの手ではないでしょうか。

13 お楽しみ現金抽選会に参加する？ しない？

参加費を払って、現金を当てよう

問題 100円を払って抽選するかしないか、判断基準は？

ショッピングセンター内の広場で「お楽しみ現金抽選会！」が行われています。参加費として、1回100円かかるようです。全部で100本あり、1等1 000円が5本、2等500円は15本、3等100円は30本、残りの50本は外れです。あなたは参加費を払って、抽選しますか？ もちろん、外れた場合は何ももらえず、0円です。

参加費を払って現金が当たる抽選会に参加するかしないか、という問題です。こういう場合は期待値という考え方を使い、期待値≧参加費なら参加、期待値＜参加費なら不参加、と判断しましょう。

期待値とは

ある試行を行った結果、とりうる値が x_1、x_2、x_3、……x_n で、それぞれの値をとりうる確率が p_1、p_2、p_3、……p_n のとき、**期待値**（きたいち）は次の式で求めることができます。

$$期待値 = x_1 p_1 + x_2 p_2 + x_3 p_3 + \cdots + x_n p_n$$

簡単な例を示しましょう。サイコロを1回投げて出る目の期待値はいくらになるのか、計算します。

サイコロの目は1～6まであり、サイコロを1回投げて、1の目が出る確

率は1/6です。同様に、2の目が出る確率は1/6、3の目が出る確率は1/6、4の目が出る確率は1/6、5の目が出る確率は1/6、6の目が出る確率は1/6です。

よって、サイコロを1回投げて出る目の期待値は、次の計算式から3.5です。

$$1 \times \frac{1}{6} + 2 \times \frac{1}{6} + 3 \times \frac{1}{6} + 4 \times \frac{1}{6} + 5 \times \frac{1}{6} + 6 \times \frac{1}{6} = \frac{21}{6} = 3.5$$

この問題を解くには、1等から外れまでの確率を求めます。100本中、1等1 000円は5本なので1等が当たる確率は5/100となり、同様に2等～外れまでを求めると、表のようになります。

	1等	2等	3等	外れ
金額	1000円	500円	100円	0円
確率	5/100	15/100	30/100	50/100

解答 参加費100円が得か損か、期待値で考えよう！

> この現金抽選会での期待値は、
>
> 期待値 = $1\,000 \times \dfrac{5}{100} + 500 \times \dfrac{15}{100} + 100 \times \dfrac{30}{100} + 0 \times \dfrac{50}{100}$
>
> $= 50 + 75 + 30 = 155$円 　（参加費100円より高い）

期待値155円は参加費100円より高いので、この抽選会は100円を払って参加する価値があるといえます。

14 待ち時間はどれくらい？

レジに並ぶ人、レジで処理する人

問題 レジに並んでから会計が終わるまでどれくらい？

家族でスーパーマーケットに来たら、レジにちょっとした行列ができていました。試しに時間を計ってみたところ、平均して、レジに並ぶ人は30秒に1人、レジを通過する人は20秒に1人です。

このとき、自分がレジに並んでから会計が終わるまでの時間はどのくらいでしょう？

ただし、ここではレジは1つだけとして考えます。

レジがあまりに混んでいると、これから自分が並んで会計が終わるまでにどれくらいかかるのか、気になりますよね。

実は、これを事前に計算できる方法があります。それが**待ち行列**（まちぎょうれつ）の考え方です。ここでは仮定をいくつか設定し、待ち行列の考え方を使って、平均待ち時間（平均してどれくらい待つのか）を求めて答えを出してみましょう。

平均待ち時間の求め方

1分あたりにレジに並ぶ人の人数をλ（人／分）、1分あたりにレジを通過する人数をμ（人／分）とすると、混み具合ρは次の式で示すことができます。ギリシャ文字のλはラムダ、μはミュー、ρはローと読みます。

$$\text{混み具合}\quad \rho = \frac{\lambda}{\mu}$$

これを使うと、平均待ち人数n（人）は次の式で示せます。

$$\text{平均待ち人数}\quad n = \frac{\rho}{1-\rho}\ [人]$$

さらに、平均レジ通過時間（レジに品物を置いて会計が終わるまでにかかる時間）をT_s（秒）とすると、平均待ち時間を求めることができます。

$$\text{平均待ち時間}\quad T = \frac{\rho}{1-\rho}\ T_s\ [秒]$$

最初にどれくらい混んでいるのか（混み具合）を求め、次に平均待ち人数を求めて、最後に処理にかかる時間を掛けると、平均待ち時間を計算できます。

レジに並んでから会計が終わるまでの時間を計算しよう

問題の場合を考えてみます。レジに並ぶ人は30秒に1人なので、1分あたりだと2人並びます。

$$\text{1分あたりにレジに並ぶ人の人数}\quad \lambda = 2\ 人／分$$

レジを通過するのは20秒に1人なので、1分あたりだと3人通過します。

1分あたりにレジを通過する人数　$\mu = 3$ 人／分

よって、混み具合は、次のようになります。

混み具合　$\rho = \dfrac{\lambda}{\mu} = \dfrac{2}{3}$

次に、平均待ち人数を求めます。

$$n = \frac{\rho}{1-\rho} = \frac{\frac{2}{3}}{1-\frac{2}{3}} = \frac{\frac{2}{3}}{\frac{1}{3}} = 2 人$$

ここまで来れば、問題の答えが出ます。

解答　並んでから会計が終わるまで 60 秒

① 平均待ち人数に平均レジ通過時間（$T_s = 20$ 秒）を掛けて、平均待ち時間を求めると、

$$T = \frac{\rho}{1-\rho} T_s = 2 \times 20 = 40 秒$$

② 最後に、自分の番が来てからレジを通過するまでの時間 20 秒を平均待ち時間に加えて、

40 秒 + 20 秒 = **60 秒**

レジに並んでから会計が終わるまでの平均時間は 60 秒であることがわかりました。これが待ち行列の考え方です。ただし、この結果は平均してこれくらいという話で、たくさん買うために処理に時間のかかる人がいたり、レジの人の処理が遅かったり速かったりすれば、話は違ってきます。

もしもレジの人の処理が速くなったら

ここで、もしもレジの人の処理が 2 倍の速さ、つまり 1 人あたり 10 秒で処理できるとなったら平均待ち時間はどうなるか？ を考えてみます。10 秒で処理……考えにくいですが、もしもの話です。

平均レジ通過時間が半分の 10 秒になるので、平均待ち時間は、

$$T = \frac{\rho}{1-\rho} T_s = 2 \times 10 = 20 秒$$

これに、自分の番の分の平均レジ通過時間 10 秒を加えて、

20 + 10 = 30 秒　　《60 秒の半分に！》

よって、レジ打ちを速くする練習、またはレジでの処理を速くするシステムをつくることは、とても重要なことがわかります。

○●クイズに正解しよう！

法則を探せ！

問題 ○●の足し算クイズに答えよう

家族みんなで広場に行くと、クイズ大会が行われていました。暗号みたいな問題ですが、先ほど買い物をしたショップでもらった参加券で参加でき、解ければ景品がもらえます。張り切って解いてみましょう。

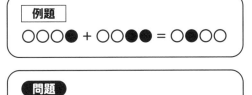

○と●の奇妙な問題です。正解すると先着順で景品がもらえるので、頑張って解いてみることにしましょう。

ヒントは、問題の中に○と●の２種類の文字しかないということです。この問題は、実は２進法で考えると答えが出てきます。

２進法のおさらい

日常使っている、１〜９と０までの10個の数字を使って表すことを **10進法**といいます。これに対して、１と０の２つの数字で表すことを **２進法**

といいます。

　10進法と2進法については第2章「09　点字で書かれた数字を読み解こう」でも紹介しましたが、クイズを解くために、対応表をここでも掲載しておきましょう。

表　10進法と2進法の対応表

10進法	2進法
1	1
2	10
3	11
4	100
5	101

10進法	2進法
6	110
7	111
8	1000
9	1001
10	1010

　今回の問題は1と0の2進法ではなく、○と●による2進法を表しています。では、○と●を使って上の表を書くとどうなるでしょう？　というのが次の表です。2進法の「0」を○で、「1」を●で示しています。

表　○●表記の対応表

10進法	4桁の2進法	○●表記
1	0001	○○○●
2	0010	○○●○
3	0011	○○●●
4	0100	○●○○
5	0101	○●○●

10進法	4桁の2進法	○●表記
6	0110	○●●○
7	0111	○●●●
8	1000	●○○○
9	1001	●○○●
10	1010	●○●○

　ただし、クイズの例題が「○○○●＋○○●●＝○●○○」と、4つずつの並びになっていることに注意してください。最初の表では、○と●の4つの並びで表現できません。そこで、4桁にしたうえで（4桁になるよう先頭を0で埋める）、2進法の「0」を○で、「1」を●で示しています。

この対応表より、クイズの例題は、

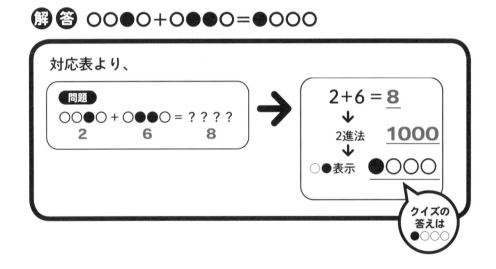

という問題であるのがわかります。問題の○●クイズは「2進法」の足し算だったのです。

解答 ○○●○＋○●●○＝●○○○

付　録
計算の基礎のきそ

01 四則演算、( )のある計算

四則演算の計算順序

　符号が同じとき（＋と＋、－と－）は足し算を、符号が違うとき（＋と－）は数だけを見て「**大きいほうの数－小さいほうの数**」を行います。

$$-2 + 7 = (-2) + (+7) = \underline{+}\underline{(7-2)} = +5 = 5$$

> 符号が違うとき：
> 「大きいほうの数－小さいほうの数」を行い、大きいほうの数の符号（ここでは＋）をつける

$$-3 - 5 = (-3) + (-5) = \underline{-}\underline{(3+5)} = -8$$

> 符号が同じとき：
> 2つの数字を足す。( )の前は共通の符号（ここでは－）をつける

　式の中に＋、－、×、÷があるときは、①×、÷を先に計算し、②×、÷が続くときは前から順番に計算し、③＋、－は最後に計算します。

> ×、÷が並んでいるときは、前から順番に計算。この場合、2×3を先にやってはダメ

$$2 + \underline{(-4) \div 2} \times 3 = 2 + (-2) \times 3 = 2 + (-6) = \underline{-}\underline{(6-2)} = -4$$

> 符号が違うとき：
> 「大きいほうの数－小さいほうの数」を行い、大きいほうの数の符号（ここでは－）をつける

> (－) ÷ (＋) = (－)

（ ）のある計算

（ ）がある場合は（ ）の中を先に計算します。累乗の計算がある場合は、累乗を最初に計算します。

$$6 - (2 - 8) = 6 - (-6) = 6 + 6 = 12$$

（ ）の中から計算。
$2 - 8 = -(8 - 2) = -6$

$-(-6)$ は $(-1) \times (-6)$ と考えて、
$(-) \times (-) = (+)$ より、$+6$

$$(23 + 7) - (5 - 12) = 30 - (-7) = 30 + 7 = 37$$

（ ）の中から計算

$$(3^2 - 1) \div 4 = (9 - 1) \div 4 = 8 \div 4 = 2$$

$3^2 = 3 \times 3 = 9$

符号が違うとき：
「大きいほうの数ー小さいほうの数」を行い、大きいほうの数の符号（ここでは−）をつける

$$3 \times (5 - 2^3) = 3 \times (5 - 8) = 3 \times (-3) = -9$$

$2^3 = 2 \times 2 \times 2 = 8$

$(+) \times (-) = (-)$

（ ）の中から計算。累乗がある場合は、累乗を先に計算

02 小数の計算、割合

小数の計算①：足し算、引き算

ひっ算で小数の足し算、引き算を行うときは、小数点をそろえて書きます。

```
   4.23        10.46
+  6.7      -   5.7
──────      ──────
  10.93         4.76
```

小数の計算②：掛け算

小数の掛け算は、小数点以下の桁数によって 10 倍、100 倍、1000 倍……して整数に直し、最後に小数点を戻します。

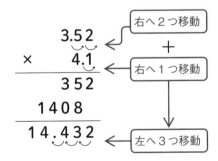

小数の計算③：割り算

　小数の割り算は、割る数が整数になるように、割る数と割られる数の両方の数を10倍、100倍、1000倍します。余りは、もとの小数点を下ろしてくるのを忘れずに。

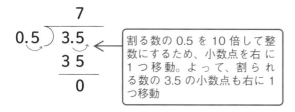

$3.5 \div 0.5 = 7$

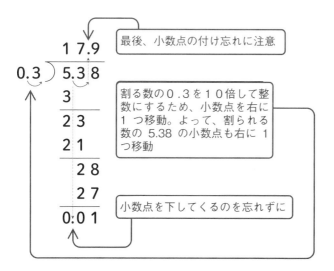

$5.38 \div 0.3 = 17.9$　余り0.01

割合

割合の表し方には、百分率、小数、歩合の3つの方法があります。それぞれの対応を覚えましょう。

●表　割合の表し方

百分率	小数	歩合
100%	1.0	10割
10%	0.1	1割
1%	0.01	1分
37%	0.37	3割7分

Q1 200円の30％は？

30％＝0.3なので、この問題は「200円の0.3倍は？」と同じと考えます。

$$200 \times 0.3 = 60 \qquad 答\quad 60円$$

Q2 30 kgは50 kgの何％？

割合を式で表すと、「割合＝比べられる量÷基準とする量」です。この問題の場合、50 kgが「基準とする量」、30 kgが「比べられる量」なので、割合は次の式で求まります。

$$30 \div 50 = 0.6 \qquad 答\quad 60\%$$

03 分数の足し算、引き算

分数の通分

　分数の計算を行う際、計算のために分母をそろえることがあります。これを**通分**（つうぶん）といいます。分母の最小公倍数でそろえましょう。

　最小公倍数（さいしょうこうばいすう）とは、複数の数の倍数を書き出していったとき、共通する倍数の中で最小の数のことを指します。

分母を6にするため、2を分母と分子に掛ける

分母を6にするため、3を分母と分子に掛ける

$$\left(\frac{1}{3}, \frac{1}{2}\right) = \left(\frac{1\times 2}{3\times 2}, \frac{1\times 3}{2\times 3}\right) = \left(\frac{2}{6}, \frac{3}{6}\right)$$

3と2の最小公倍数は6

分母を24にするため、3を分母と分子に掛ける

分母を24にするため、2を分母と分子に掛ける

$$\left(\frac{3}{8}, \frac{5}{12}\right) = \left(\frac{3\times 3}{8\times 3}, \frac{5\times 2}{12\times 2}\right) = \left(\frac{9}{24}, \frac{10}{24}\right)$$

8と12の最小公倍数は24

分数の足し算、引き算

分数の足し算、引き算では分母が同じであれば分子をそのまま計算し、分母が違うときは通分してから分子を計算します。

$$\frac{2}{5} + \frac{3}{5} = \frac{2+3}{5} = \frac{5}{5} = 1$$

分母が同じなので、分子だけ足し算

最後に約分することを忘れずに

$$\frac{5}{6} + \frac{2}{3} = \frac{5}{6} + \frac{4}{6} = \frac{5+4}{6} = \frac{9}{6} = \frac{3}{2}$$

3と6の最小公倍数の6にそろえる

$$\frac{8}{11} - \frac{13}{22} = \frac{16}{22} - \frac{13}{22} = \frac{16-13}{22} = \frac{3}{22}$$

11と22の最小公倍数の22にそろえる

$$\frac{5}{14} - \frac{5}{6} = \frac{15}{42} - \frac{35}{42} = \frac{15-35}{42} = \frac{-20}{42} = -\frac{10}{21}$$

14と6の最小公倍数の42にそろえる。分母の数字が大きいほう(14)を2倍、3倍、……して6で割り切れるかどうかを考えると、最小公倍数を見つけやすくなる

04 分数の掛け算、割り算

分数の掛け算

分数の掛け算は、分母どうし、分子どうしを掛けます。約分できるときは、途中で約分をしましょう。

$$\frac{1}{3} \times \frac{2}{5} = \frac{1 \times 2}{3 \times 5} = \frac{2}{15}$$

$$\frac{3}{7} \times \frac{14}{5} = \frac{3 \times \overset{2}{\cancel{14}}}{\underset{1}{\cancel{7}} \times 5} = \frac{6}{5}$$

$$6 \times \frac{3}{4} = \frac{6}{1} \times \frac{3}{4} = \frac{\overset{3}{\cancel{6}} \times 3}{1 \times \underset{2}{\cancel{4}}} = \frac{9}{2}$$

分数の割り算

分数の割り算は、割る数を逆数にし、割り算を掛け算に直してから計算します。

$$\frac{2}{3} \div \frac{3}{5} = \frac{2}{3} \times \frac{5}{3} = \frac{2 \times 5}{3 \times 3} = \frac{10}{9}$$

$$\frac{8}{7} \div \frac{4}{9} = \frac{8}{7} \times \frac{9}{4} = \frac{\overset{2}{\cancel{8}} \times 9}{7 \times \underset{1}{\cancel{4}}} = \frac{18}{7}$$

$$\frac{5}{6} \div 10 = \frac{5}{6} \times \frac{1}{10} = \frac{\overset{1}{\cancel{5}} \times 1}{6 \times \underset{2}{\cancel{10}}} = \frac{1}{12}$$

$$3 \div \frac{1}{9} = 3 \times \frac{9}{1} = \frac{3 \times 9}{1} = 27$$

分数の四則演算と計算順序

分数においても、次の順序で計算します。

①累乗 → ②( ) → ③×、÷ → ④+、−

$$\frac{11}{4} - \left\{ \left(\frac{3}{2}\right)^2 + \frac{2}{5} \times \frac{3}{4} \right\} = \frac{11}{4} - \left(\frac{9}{4} + \frac{3}{10}\right)$$

$$= \frac{11}{4} - \left(\frac{45}{20} + \frac{6}{20}\right) = \frac{11}{4} - \frac{51}{20}$$

$$= \frac{55}{20} - \frac{51}{20} = \frac{\cancel{4}^1}{\cancel{20}_5} = \frac{1}{5}$$

小数と分数

分数は「**分子÷分母**」を行って、小数で表すことができます。

$$\frac{3}{5} = 3 \div 5 = 0.6$$

$$\frac{7}{100} = 7 \div 100 = 0.07$$

05 文字式、指数

文字式の計算

文字式（もじしき）とは、アルファベットなどの文字を用いて表した式のことです。同じ文字を使っている場合、足し算、引き算では係数どうしを計算できますが、違う文字では計算できないことに注意が必要です。

$3 \times a = 3a$

$4b \div 7 = \dfrac{4b}{7} = \dfrac{4}{7}b$

÷ は分数に直す

b は分子に書いても、分数の横に書いてもOK

$2m + 3m = (2+3)m = 5m$

文字がどちらも m なので、係数どうしを計算可能

$7x - x + y = (7-1)x + y = 6x + y$

x と y は違う文字なので計算できない

（ ）を外すときは、（ ）の中のすべてに－を掛けるのを忘れないように

$(3x - y) - (2x + 6y)$

$= 3x - y - 2x - 6y = x - 7y$

指数

a を n 回掛けたものを a^n と表し、このときの n を a^n の **指数** といいます。

$$a \times a = a^2 \qquad 4 \times x \times x \times x = \underline{4x^3}$$

×は省略して、指数（右上の数字）で表す

指数法則

$$a^m \times a^n = a^{m+n} \qquad \frac{a^m}{a^n} = a^{m-n}$$

$$(a^m)^n = a^{mn} \qquad (ab)^n = a^n b^n$$

$$2^3 \times 2^2 = 2^{3+2} = 2^5 \qquad \frac{x^5}{x^2} = x^{5-2} = x^3$$

$$\left(10^2\right)^4 = 10^{2 \times 4} = 10^8$$

×は省略して、指数（右上の数字）で表す

$$a^2 b \times \left(ab^3\right)^2 = a^2 \times b \times a^2 \times b^6 = \overline{a^4 b^7}$$

まずは ( )² を計算して ( ) を外す

06 平方根

平方根、平方根のある式の計算

2乗してaになる数をaの**平方根**(へいほうこん)といいます。$\left(\sqrt{2}\right)^2 = 2$、$\left(\sqrt{3}\right)^2 = 3$です。よく使う代表的な平方根に$\sqrt{2}$や$\sqrt{3}$がありますが、数値で表すと、$\sqrt{2} \fallingdotseq 1.414$、 $\sqrt{3} \fallingdotseq 1.732$です。

$$2 \times \sqrt{5} = 2\sqrt{5}$$

×は省略する

$$4\sqrt{2} + 3\sqrt{2} = (4 + 3)\sqrt{2} = 7\sqrt{2}$$

√の中が同じ数字のときは、文字のようにくくる

$$\sqrt{2} \times \sqrt{3} = \sqrt{2 \times 3} = \sqrt{6}$$

√の中にあるものは互いに掛け算できます

$$\sqrt{4} = \sqrt{2^2} = \left(\sqrt{2}\right)^2 = 2$$

4は2の2乗なので、$\sqrt{4} = 2$

$$\sqrt{9} = \sqrt{3^2} = \left(\sqrt{3}\right)^2 = 3$$

$\sqrt{16} = \sqrt{4^2} = \left(\sqrt{4}\right)^2 = 4$

$\sqrt{25} = \sqrt{5^2} = \left(\sqrt{5}\right)^2 = 5$

$\sqrt{12} = \sqrt{4 \times 3} = \underline{\sqrt{4}} \times \sqrt{3} = 2\sqrt{3}$

√ を簡単にするには、4, 9, 16, 25……の掛け算にしてから

$\sqrt{27} = \sqrt{9 \times 3} = \underline{\sqrt{9}} \times \sqrt{3} = 3\sqrt{3}$

$\sqrt{50} = \sqrt{25 \times 2} = \underline{\sqrt{25}} \times \sqrt{2} = 5\sqrt{2}$

07 方程式

一次方程式

　一次式でつくられている方程式を**一次方程式**（いちじほうていしき）といい、等式の性質を使って解きます。

> **等式の性質**
>
> A=B ならば両辺に同じ数を足しても、引いても、掛けても、また、同じ数で割っても変わらない。

$$x + 4 = 8$$
$$x + 4 - 4 = 8 - 4$$
$$x = 4$$

＋4を移項して $x = 8 - 4 = 4$ でもOK

両辺から4を引く

$$3x = 12$$
$$\frac{3x}{3} = \frac{12}{3}$$
$$x = 4$$

両辺を3で割る

$$\frac{2}{3}x = 6$$
$$\frac{3}{2} \times \frac{2}{3}x = 6 \times \frac{3}{2}$$
$$x = 9$$

両辺に $\frac{3}{2}$ を掛ける

連立方程式

2つ以上の未知数を含む方程式と2つ以上の式から、その未知数を求めるものです。原則は「1文字消去」で解きます。

$$\begin{cases} 2x + y = 1 \quad \text{……①} \\ 5x + y = 4 \quad \text{……②} \end{cases}$$

y を消去するために、①－②　←─ 加減法という

$$\begin{array}{r} 2x + y = 1 \\ -)\ 5x + y = 4 \\ \hline -3x = -3 \\ x = 1 \quad \text{……③} \end{array}$$

③を①に代入して、

$$2 \times 1 + y = 1$$
$$y = 1 - 2$$
$$y = -1$$

答　$x = 1,\ y = -1$

$$\begin{cases} 2x - 5y = -1 \quad \text{……①} \\ x = 2y \quad \text{……②} \end{cases}$$

x を消去するために、②を①に代入して、← 代入法という

$$2 \times 2y - 5y = -1$$
$$4y - 5y = -1$$
$$-y = -1$$
$$y = 1 \quad \text{……③}$$

③を②に代入して、

$$x = 2 \times 1$$
$$x = 2 \qquad \text{答} \quad x = 2, y = 1$$

二次方程式

二次式でつくられている方程式を**二次方程式**(にじほうていしき)といい、因数分解または解の公式で解きます。

因数分解を使った公式

$AB = 0$ ならば、 $A = 0$ または $B = 0$

解の公式

$ax^2 + bx + c = 0$ のとき、 $x = \dfrac{-b \pm \sqrt{b^2 - 4ac}}{2a}$

$(x+1)(x-3) = 0$ ← まずは因数分解から

$x+1 = 0$ または $x-3 = 0$

$x = -1$ または $x = 3$ 答 $x = -1, 3$

$x^2 + 5x + 6 = 0$

$(x+2)(x+3) = 0$

$x+2 = 0$ または $x+3 = 0$

$x = -2$ または $x = -3$ 答 $x = -2, -3$

$2x^2 + 5x + 1 = 0$

$x = \dfrac{-5 \pm \sqrt{5^2 - 4 \times 2 \times 1}}{2 \times 2}$

$= \dfrac{-5 \pm \sqrt{17}}{4}$ 因数分解できないので解の公式を用いる

$3x^2 - 6x - 2 = 0$

$x = \dfrac{-(-6) \pm \sqrt{(-6)^2 - 4 \times 3 \times (-2)}}{2 \times 3}$

$= \dfrac{6 \pm \sqrt{60}}{6} = \dfrac{\overset{3}{\cancel{6}} \pm \overset{1}{\cancel{2}}\sqrt{15}}{\underset{3}{\cancel{6}}} = \dfrac{3 \pm \sqrt{15}}{3}$

08 合同、相似、相似比

三角形の合同条件

合同とは、2つの図形を移動してぴったり重ねることができるとき、その2つの図形は**合同**（ごうどう）であるといいます。2つの三角形について、次の3つの条件のうち1つを満たせば、それらの三角形は合同であることが知られています。

- 3組の辺がそれぞれ等しい
- 2組の辺とその間の角がそれぞれ等しい
- 1組の辺とその両端の角がそれぞれ等しい

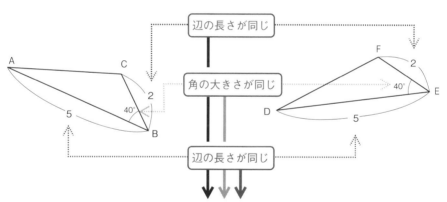

「2組の辺とその間の角がそれぞれ等しい」ので

△ABC と △DEF は合同

「△ABC≡△DEF」と書く

三角形の相似条件

2つの図形のうち、一方の図形を拡大・縮小して他方の図形とぴったり重ねることができるとき、その2つの図形は**相似**（そうじ）であるといいます。2つの三角形において、次の3つの条件のうち1つを満たせば、それらの三角形は相似であることが知られています。

- 3組の辺の「比」がすべて等しい
- 2組の辺の「比」とその間の角がそれぞれ等しい
- 2組の角がそれぞれ等しい

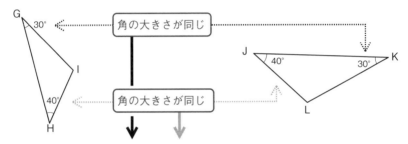

「2組の角がそれぞれ等しい」ので

相似比

相似比(そうじひ)とは、相似な図形において、対応する辺の長さの比のことをいいます。相似な平面図形の面積比は、相似比の 2 乗に等しくなります。また、相似な立体の体積比は、相似比の 3 乗に等しくなります。

相似比

相似比が $m:n$ のとき　面積比は $m^2:n^2$、体積比は $m^3:n^3$

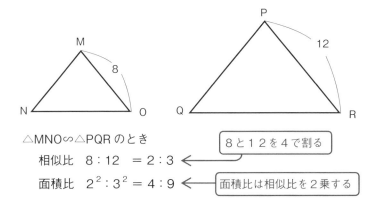

△MNO∽△PQR のとき

相似比　$8:12 = 2:3$ ← 8と12を4で割る

面積比　$2^2:3^2 = 4:9$ ← 面積比は相似比を2乗する

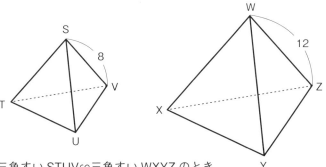

三角すい STUV∽三角すい WXYZ のとき

相似比　$8:12 = 2:3$

体積比　$2^3:3^3 = 8:27$ ← 体積比は相似比を3乗する

09 場合の数、順列、組合せ

場合の数

場合の数とは、ある事柄についてどのような場合があるのか、それが何通りあるのかを数えることです。樹形図や表などを使って書き出して数えてみましょう。

- サイコロを1回振ったときの目の出方：
  の6つの目の出方がある ➡ 答 6通り
- ドリンク2種類（コーヒー、紅茶）とケーキ3種類（イチゴ、チョコレート、チーズ）の選び方

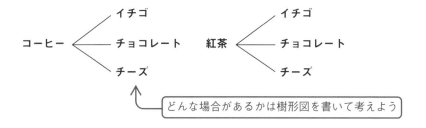

どんな場合があるかは樹形図を書いて考えよう

- ドリンクはコーヒーと紅茶で2通り、そのおのおのに対してケーキはイチゴ、チョコレート、チーズの3通り ➡ 積の法則より2×3＝6 ➡ 答 6通り

「積の法則」については、第1章「10 おしゃれさんの着回し術」を参照してください。

順列

順列（じゅんれつ）とは、n 個の異なるものの中から r 個選んで並べる場合の数をいい、$_nP_r$ と表します。$n!$ は「n の階乗」と読み、n 個の異なるものをすべて並べるときの**並べ替え**の場合の数を表しています。

$$_nP_r = \frac{n!}{(n-r)!}$$

$n! = n \times (n-1) \times (n-2) \times \cdots\cdots 3 \times 2 \times 1$

公式を見るととても難しい計算のように感じるかもしれませんが、実際の計算は簡単にできます。

● 異なる 5 個から 2 個を選んで並べる場合の数

$$_5P_2 = \underline{5 \times 4} = 20 \text{(通り)}$$

1 個目の選び方が 5 通り、
(5 通りの) それぞれに対して 2 個目の選び方が 4 通り

● 7 人から 3 人を選んで並べる場合の数

$$_7P_3 = \underline{7 \times 6 \times 5} = 210 \text{(通り)}$$

1 人目の選び方が 7 通り、
(7 通りの) それぞれに対して 2 人目の選び方が 6 通り、
(6 通りの) それぞれに対して 3 人目の選び方が 5 通り

● 4 人から 4 人を選んで並べる場合の数

$$_4P_4 = 4! = 4 \times 3 \times 2 \times 1 = 24 \text{(通り)}$$

| 組合せ |

組合せ（くみあわせ）とは、n 個の異なるものの中から r 個を選ぶ場合の数をいい、$_nC_r$ と表します。組合せの公式は、順列の公式とセットで覚えると便利です。

$$_nC_r = \frac{n!}{r!(n-r)!} = \frac{1}{r!}\frac{n!}{(n-r)!} = \frac{_nP_r}{r!}$$

● 5 個の異なるものの中から 2 個を選ぶ場合の数

$$_5C_2 = \frac{_5P_2}{2!} = \frac{5 \times 4}{2 \times 1} = 10 \text{(通り)}$$

$_5P_2$ (=5×4) を 2 個の並べ替え (2!) で割る

● 7 人から 3 人を選ぶ場合の数

$$_7C_3 = \frac{_7P_3}{3!} = \frac{7 \times 6 \times 5}{3 \times 2 \times 1} = 35 \text{(通り)}$$

$_7P_3$ (=7×6×5) を 3 人の並べ替え (3!) で割る

10 確率

確率

確率とはある事柄の起こりやすさを表し、次の式で求めます。

$$確率 = \frac{その事柄の場合の数}{起こりうるすべての場合の数}$$

- サイコロ2個を振って、同じ目が出る確率

$$\frac{6}{36} = \frac{1}{6}$$

同じ目が出るのは、(1, 1)、(2, 2)、(3, 3)、(4, 4)、(5, 5)、(6, 6) の6通り

すべての場合の数は、6×6＝36通り

- 赤玉が3個、白玉が2個入っている袋から2個を取り出したとき、2個とも赤玉である確率

分子は、赤玉3個から赤玉2個を選ぶ場合の数

$$\frac{{}_3C_2}{{}_5C_2} = \frac{\frac{{}_3P_2}{2!}}{\frac{{}_5P_2}{2!}} = \frac{\frac{3 \times 2}{2 \times 1}}{\frac{5 \times 4}{2 \times 1}} = \frac{3}{10}$$

分母は、赤白合わせた5個から2個を選ぶ場合の数

期待値

　期待値（きたいち）とは、ある事柄が繰り返し起きたときに平均してどのくらいの数になるのかを計算したものです。1つ1つの事柄が起こる確率が等しいときは、平均と同じ値になります。

　ある試行を行った結果、とりうる値が x_1、x_2、x_3、……x_n で、それぞれの値をとりうる確率が p_1、p_2、p_3、……p_n のとき、期待値（きたいち）は次の式で求めることができます。

$$期待値 = x_1 p_1 + x_2 p_2 + x_3 p_3 + \cdots + x_n p_n$$

　簡単な例を示しましょう。サイコロを1回投げて出る目の期待値はいくらになるのか、計算します。

● サイコロを1回振って出る目の期待値

$$1 \times \frac{1}{6} + 2 \times \frac{1}{6} + 3 \times \frac{1}{6} + 4 \times \frac{1}{6} + 5 \times \frac{1}{6} + 6 \times \frac{1}{6} = \frac{7}{2} (= 3.5)$$

11 平面図形の面積

平面図形の種類と面積

平面図形には次のような仲間があります。それぞれの面積の求め方を覚えておきましょう。

● 三角形

● 台形

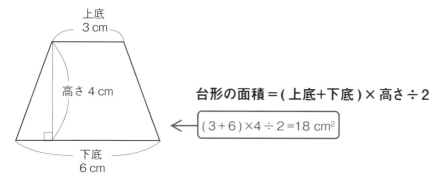

● ひし形

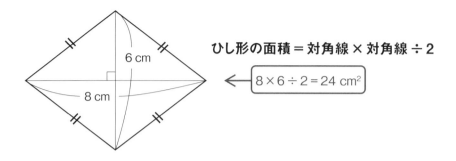

ひし形の面積 ＝ 対角線 × 対角線 ÷ 2

$8 \times 6 \div 2 = 24$ cm²

補足：立体の体積

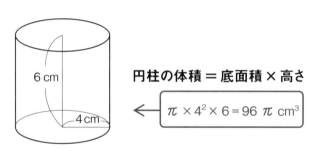

円柱の体積 ＝ 底面積 × 高さ

$\pi \times 4^2 \times 6 = 96\pi$ cm³

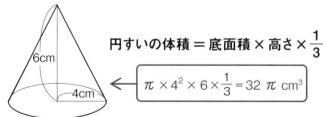

円すいの体積 ＝ 底面積 × 高さ × $\dfrac{1}{3}$

$\pi \times 4^2 \times 6 \times \dfrac{1}{3} = 32\pi$ cm³

12　円

弦、弧

円の構成要素には、中心、半径のほかに弦（げん）と弧（こ）があります。弧 AB は、円周上の 2 点 A から B までの円周部分を言います。

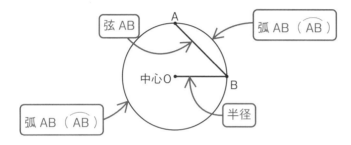

円の中心の求め方

円の中心は、2 つの弦の垂直二等分線の交点から求めることができます。

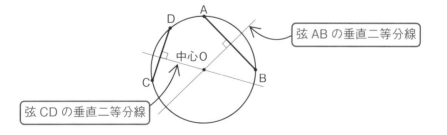

円の面積、円周

円の面積と円周（円を1周した長さ）は、半径を使って求めることができます。

- 半径5cmの円の面積：$\pi \times 5^2 = 25\pi$ cm^2
- 半径5cmの円周：$2 \times \pi \times 5 = 10\pi$ cm

扇形の面積

先に円の面積を求めて、360°に対する中心角の比を掛けます。

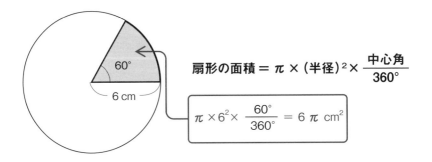

索引

英数字・記号

- 10進法 ... 93, 168
- 2乗 ... 25
- 2進法 ... 93, 168
- 3乗 ... 25
- 3乗根 ... 31
- （ ）のある計算 ... 173
- cos θ ... 38
- sin θ ... 38
- tan θ ... 38, 97
- λ ... 165
- μ ... 165
- ρ ... 47, 165
- Σ ... 81

あ行

- 暗号化 ... 19
- 一次方程式 ... 185
- 円 ... 199
  - 中心 ... 74
  - 方程式 ... 100
  - 面積 ... 21, 200
- 円周 ... 200
- 円順列 ... 42, 45
- 円すい ... 131
- 円柱 ... 131
  - 体積 ... 198
- 扇形の面積 ... 200

か行

- 回帰式 ... 111
- 回帰直線 ... 111
- 回帰分析 ... 111
- 階乗 ... 155
- 解の公式 ... 187
- 確率 ... 137, 195
- 加減法 ... 186
- 加速度 ... 77
- 傾き ... 112
- 期待値 ... 162, 196
- 球 ... 131
- 組合せ ... 155, 194
- 弦 ... 74, 199
- 原因の確率 ... 91
- 弧 ... 199
- 項 ... 107
- 公差 ... 107
- 合同 ... 189
- 公倍数 ... 13
- 公約数 ... 15
- 混雑率 ... 64

さ行

- 最小公倍数 ... 13, 177
- 最小二乗法 ... 111
- 最大公約数 ... 15
- 三角形
  - 合同条件 ... 189
  - 相似条件 ... 35, 190
  - 面積 ... 127, 197
- 三角すい ... 131
- 三角柱 ... 131
- 三角比 ... 38
- サンプル数 ... 49
- 四角すい ... 131
- 四角柱 ... 131
- 指数 ... 57, 182
- 指数関数 ... 57
- 四則演算 ... 172
- じゅず順列 ... 44, 45
- 順列 ... 192
- 条件付き確率 ... 89

小数	116, 176	ひし形の面積	198
小数の計算	174	微分	103
初項	107	百分率	116, 176
震央	74	標本比率	49
震源	74	平文	19
人口密度	65	比率	49
数符	95	比例	128
数列	107	歩合	116, 176
正接	97	復号	19
正負の数の計算	68	不等式	144
積の法則	41	分散	81
切片	112	分数	177, 179
相関	46	平方根	183
相関係数	46, 47	平面図	131
相似	30, 190	平面図形の面積	197
相似な図形	34	母集団	49
相似比	30, 191	母比率	49
素数	17		

た行

台形の面積	197	待ち行列	164
体積比	30	密度	65
代入法	187	見取り図	131
単位換算	135	面積比	30
単位量	119	文字式	181
タンジェント	97	モンティ・ホール問題	138

ま行

や行

約数	14
有効回答数	49

重複順列	151
直角三角形の辺の比	36
通分	177
点字	92
等差数列	107
等式の性質	185

ら行

乱数	159
乱数表	159
立体図形	130
立方根	31
立面図	131
累乗	25, 57
連立方程式	29, 186

な行

内閣支持率	49
二次関数	77
二次方程式	187
燃費	62

わ行

割合	116, 176
割引	123

は行

場合の数	192
場合分け	85
倍数	12

■著者プロフィール

松川 文弥 (まつかわ ふみや)

1976年北海道茅部郡鹿部町生。北海道立函館中部高等学校卒、東京理科大学理工学部機械工学科卒。現在、数学塾塾長。
大学卒業後、(株)図研SoC事業部にて半導体、英国法人CHAM社にて流体解析ソフトの販売を行い、2006年東京都足立区に「数学塾」(http://www.thinkingout.jp/) 開業。2011年より函館に塾を移して現在に至る。数学塾では、数学・物理・化学に加えて、統計学、金融工学、算数オリンピック対策、機械学習、電験三種など、計算・分析分野を中心とした各種講座を開講。南北海道創才教育推進会事務局長の傍ら、「算数オリンピックにチャレンジ教室」、「数式を使わない算数セミナー」などの講師も務めている。
著書に『電気教科書 電験三種 [書き込み式] 計算問題ドリル 第2版』(翔泳社) がある。

■会員特典データのご案内

　本書では、紙面の都合上、書籍本体の中では紹介しきれなかった内容を、追加コンテンツとしてPDF形式で提供しています。
　会員特典データは、以下のサイトからダウンロードして入手いただけます。

●入手方法
① 以下のWebサイトにアクセスしてください。

　　https://www.shoeisha.co.jp/book/present/9784798143880

② 画面に従って、必要事項を入力してください。無料の会員登録が必要です。
③ 表示されるリンクをクリックし、ダウンロードしてください。

●注意
※ 会員特典データのダウンロードには、SHOEISHA iD（翔泳社が運営する無料の会員制度）への会員登録が必要です。詳しくは、Webサイトをご覧ください。
※ 会員特典データに関する権利は著者および株式会社翔泳社が所有しています。許可なく配布したり、Webサイトに転載することはできません。
※ 会員特典データの提供は予告なく終了することがあります。あらかじめご了承ください。

●免責事項
※ 会員特典データの提供にあたっては正確な記述につとめましたが、著者や出版社などのいずれも、その内容に対してなんらかの保証をするものではなく、内容やサンプルに基づくいかなる運用結果に関してもいっさいの責任を負いません。

装幀	田中正人（MORNING GARDEN INC.）
イラストレーション	渡辺麻由子（MORNING GARDEN INC.）

知って得する！ おうちの数学

2018年 10月15日　初版第1刷発行
2019年　4月10日　初版第2刷発行

著　者	松川 文弥（まつかわ ふみや）
発行人	佐々木 幹夫
発行所	株式会社 翔泳社（https://www.shoeisha.co.jp/）
印刷・製本	日経印刷株式会社

©2018　Fumiya Matsukawa

＊本書は著作権法上の保護を受けています。本書の一部または全部について（ソフトウェアおよびプログラムを含む）、株式会社 翔泳社から文書による許諾を得ずに、いかなる方法においても無断で複写、複製することは禁じられています。
＊本書へのお問い合わせについては、2ページに記載の内容をお読みください。
＊乱丁・落丁はお取り替えいたします。03-5362-3705 までご連絡ください。

ISBN978-4-7981-4388-0　　　　　　　　　Printed in Japan